Oussama Osmane

Conception et réalisation d'un système de suivi solaire

Oussama Osmane

Conception et réalisation d'un système de suivi solaire

Conception et réalisation d'un système de suivi solaire pour un Réflecteur Linéaire de Fresnel

Éditions universitaires européennes

Impressum / Mentions légales
Bibliografische Information der Deutschen Nationalbibliothek: Die Deutsche Nationalbibliothek verzeichnet diese Publikation in der Deutschen Nationalbibliografie; detaillierte bibliografische Daten sind im Internet über http://dnb.d-nb.de abrufbar.
Alle in diesem Buch genannten Marken und Produktnamen unterliegen warenzeichen-, marken- oder patentrechtlichem Schutz bzw. sind Warenzeichen oder eingetragene Warenzeichen der jeweiligen Inhaber. Die Wiedergabe von Marken, Produktnamen, Gebrauchsnamen, Handelsnamen, Warenbezeichnungen u.s.w. in diesem Werk berechtigt auch ohne besondere Kennzeichnung nicht zu der Annahme, dass solche Namen im Sinne der Warenzeichen- und Markenschutzgesetzgebung als frei zu betrachten wären und daher von jedermann benutzt werden dürften.

Information bibliographique publiée par la Deutsche Nationalbibliothek: La Deutsche Nationalbibliothek inscrit cette publication à la Deutsche Nationalbibliografie; des données bibliographiques détaillées sont disponibles sur internet à l'adresse http://dnb.d-nb.de.
Toutes marques et noms de produits mentionnés dans ce livre demeurent sous la protection des marques, des marques déposées et des brevets, et sont des marques ou des marques déposées de leurs détenteurs respectifs. L'utilisation des marques, noms de produits, noms communs, noms commerciaux, descriptions de produits, etc, même sans qu'ils soient mentionnés de façon particulière dans ce livre ne signifie en aucune façon que ces noms peuvent être utilisés sans restriction à l'égard de la législation pour la protection des marques et des marques déposées et pourraient donc être utilisés par quiconque.

Coverbild / Photo de couverture: www.ingimage.com

Verlag / Editeur:
Éditions universitaires européennes
ist ein Imprint der / est une marque déposée de
OmniScriptum GmbH & Co. KG
Heinrich-Böcking-Str. 6-8, 66121 Saarbrücken, Deutschland / Allemagne
Email: info@editions-ue.com

Herstellung: siehe letzte Seite /
Impression: voir la dernière page
ISBN: 978-3-8417-4731-0

Copyright / Droit d'auteur © 2015 OmniScriptum GmbH & Co. KG
Alle Rechte vorbehalten. / Tous droits réservés. Saarbrücken 2015

Remerciements

Je tiens tout d'abord à exprimer vivement toute ma reconnaissance à Mr Abdallah BABA d'avoir accepté de m'encadrer, au sein de son honorable société AES, au cours de mon projet de fin d'études.

Je voudrais également remercier messieurs Joseph HAGGEGE et Mohamed Lotfi DEROUICHE dont ses conseils m'étaient aussi précieuses et profitables.

Un merci tout particulier à Mr Chiheb BOUDEN, le directeur de l'école nationale d'ingénieurs de Tunis, qui m'a donné l'occasion de travailler au sein du laboratoire d'énergétique et m'a ouvert aussi des perspectives dans la technologie de l'énergie solaire concentrée.

Mes remerciements, je les dois aussi à tous mes enseignants qui m'ont mis sur le bon chemin.

Je tiens à remercier tous ceux qui, au sein du laboratoire énergétique de l'ENIT, et en particulier, Mr Walif MKACHER, par leurs conseils, leur amitié et leurs compétences.

Enfin, j'exprime ma profonde reconnaissance et mes vifs remerciements à :

Mr Jilani KNANI, professeur à l'Ecole Nationale d'Ingénieurs de Tunis, pour m'avoir fait l'honneur de présider le jury, et

Mr Lazhar FEKIH AHMED, maître assistant à l'Ecole Nationale d'Ingénieurs de Tunis, d'avoir accepté la charge d'être rapporteur de ce travail.

Je remercie encore une fois tous les membres du jury pour avoir accepté de m'honorer par leur présence et de juger mon travail en espérant qu'il puisse leur donner satisfaction.

Résumé

Dans le but de remplacer des énergies fossiles par des énergies renouvelables, l'énergie solaire concentrée présente l'une des solutions avantageuses. Pour utiliser cette solution il faut déterminer la position du soleil en temps réel pour commander par la suite, à travers un système embarqué, les moteurs des miroirs.

Dans ce cadre se présente notre travail cherchant à concevoir et à réaliser un système de suivi solaire déterminant en temps réel la position du soleil dans le ciel ainsi que les angles d'inclinaison de chaque miroir du réflecteur linéaire de Fresnel.

Pour cela, nous avons divisé notre travail en deux étapes :

— Présenter l'état de l'art de l'énergie solaire concentrée CSP et concevoir le système de suivi solaire du réflecteur linéaire de Fresnel.
— Réaliser le système de suivi solaire du réflecteur linéaire de Fresnel.

Mots clés : Coordonnées Solaires, LabVIEW, CompactRIO, TCP/IP, asservissement du position

Abstract

In order to replace fossil fuels with renewable energy, concentrated solar power has one of the viable solutions. To use this solution is to determine the position of the sun in real time to control thereafter through an embedded system, motors mirrors.
In this context presents our work seeking to design and implement a system of determining solar tracking in real time the position of the sun in the sky and the angles of inclination of each mirror of linear Fresnel reflector.
To do this, we divided our work in two stages:
— Present state of the art Concentrated Solar Power CSP and design the solar tracking system of linear Fresnel reflector.
— Make the solar tracking system of linear Fresnel reflector.

Key words: Contact Solar, LabVIEW, CompactRIO, TCP / IP, the servo position

Table des matières

Tables des figures vii

Liste des tableaux ix

Introduction générale x

1 Etat de l'art de l'énergie solaire concentrée et conception du Réflecteur Linéaire de Fresnel 1

    1.1 Introduction 1

    1.2 Présentation de l'entreprise AES (ALTERNATIVE ENERGY SYSTEMS) 1

    1.3 Description du cahier des charges 3

    1.4 Le soleil : Une source d'énergie renouvelable 3

        1.4.1 La constante solaire 4

        1.4.2 Trajectoire apparente du soleil 5

        1.4.3 Coordonnées du soleil 7

            1.4.3.1 Le zénith, le nadir et le point vernal 7

            1.4.3.2 Coordonnées azimutales ou horizontales 8

            1.4.3.3 Coordonnées équatoriales 11

            1.4.3.4 Coordonnées horaires 13

            1.4.3.5 Coordonnées écliptiques 15

    1.5 Les concentrateurs solaires 16

        1.5.1 Historique de la technologie de concentration 16

        1.5.2 L'énergie solaire concentrée (CSP) 16

        1.5.3 Classification des systèmes à technologie CSP 17

            1.5.3.1 Types de suivi 18

            1.5.3.2 Types de commande 19

            1.5.3.3 Les modes de concentration du rayonnement solaire 19

    1.6 Introduction au Réflecteur Linéaire de Fresnel 23

        1.6.1 Principe de fonctionnement 23

        1.6.2 Avantages et limites du RLF 24

            1.6.2.1 Stockage thermique 24

            1.6.2.2 Comparaison du RLF aux autres techniques de concentration 24

1.6.2.3 Avantages du RLF par rapport aux concentrateurs cylindro-paraboliques 26
1.6.2.4 Principales limites du RLF 26
1.7 Conclusion 27

2 Réalisation d'un système de suivi solaire pour un Réflecteur Linéaire de Fresnel 28

2.1 Introduction 28
2.2 Présentation de la plate-forme LabVIEW 28
2.3 Position du problème 29
2.4 Partie logicielle 29
    2.4.1 Implémentation de l'algorithme « SPA » sous Windows 29
        2.4.1.1 Utilité de l'algorithme « SPA » 29
        2.4.1.2 Démarche de l'implémentation 31
    2.4.2 Implémentation des angles d'inclinaison du RLF sous Windows 32
        2.4.2.1 Dimensionnement du RLF et calcul de ses angles d'inclinaison ... 32
        2.4.2.2 Calcul des angles de rotation selon le sens d'orientation du RLF ... 35
        2.4.2.3 Implémentation du calcul angulaire sous Windows 38
2.5 Partie matérielle 39
    2.5.1 Description du système NI sbRIO-9636 39
    2.5.2 Description de l'équipement NI CompactRIO 40
    2.5.3 Implémentation de l'algorithme SPA sous sbRIO 41
        2.5.3.1 Implémentation avec connexion Ethernet 42
        2.5.3.2 Implémentation à distance de l'algorithme avec validation 43
        2.5.3.3 Implémentation à distance avec une communication client-serveur 45
            2.5.3.3.1 Introduction à la communication client-serveur 45
            2.5.3.3.2 Utilité de la communication client-serveur dans le RLF et sa réalisation 45
    2.5.4 Commande des motoréducteurs du RLF à travers les codeurs incrémentaux 48
        2.5.4.1 Fonctionnement et utilité du codeur incrémental dans la détermination des angles de rotation des miroirs du RLF 50
        2.5.4.2 Commande d'un moteur asynchrone en procédant une simulation avec le codeur incrémental intégré sous sbRIO-9636 53
2.6 Perspectives 54
2.7 Conclusion 56

Conclusion générale	57
Bibliographie	58
Annexe 1	59
Annexe 2	60
Annexe 3	61

Table des figures

1.1 Distribution spectrale du rayonnement solaire en dehors de l'atmosphère et au niveau de la terre 5
1.2 Orbite de la terre autour du soleil 6
1.3 Rotation de la terre autour de son axe 6
1.4 Représentation de la sphère céleste, l'équateur céleste, l'écliptique de la terre et le point vernal 7
1.5 Coordonnées du soleil dans un système de coordonnées azimutales 9
1.6 Système de coordonnées azimutales 10
1.7 Coordonnées du soleil dans le système de coordonnés équatoriales 11
1.8 Repérage d'un astre quelconque (le soleil dans notre cas) dans un système de coordonnées équatoriales 12
1.9 Système de coordonnées horaires 13
1.10 Repère équatorial horaire 14
1.11 Les coordonnées écliptiques 15
1.12 Les systèmes de concentration solaire 17
1.13 Suiveurs mono-axiaux 18
1.14 Suiveurs bi-axiaux 18
1.15 Centrale à tour 20
1.16 Centrale à capteurs paraboliques 21
1.17 centrale à collecteurs cylindro-paraboliques 22
1.18 Centrale à miroir de Fresnel 23
1.19 Principe d'un concentrateur à Réflecteur Linéaire de Fresnel 24
2.1 Création de la bibliothèque de l'algorithme SPA sous LabVIEW 30
2.2 L'appel de la bibliothèque partagée sous LabVIEW 30
2.3 Interface du projet de l'implémentation des équations de l'algorithme SPA 32
2.4 Prise réelle du réflecteur RLF installé à l'ENIT 33
2.5 le modèle géométrique du groupement G1 34
2.6 le modèle géométrique du groupement G2 35
2.7 Détermination de la hauteur transversale selon le sens d'orientation Nord-Sud du RLF .. 36
2.8 Détermination de la hauteur transversale selon le sens d'orientation Est-Ouest du RLF .. 37

2.9 Schéma synoptique pour le calcul des angles d'inclinaison des miroirs du RLF 38

2.10 Face-avant LabVIEW des angles d'inclinaison des miroirs du RLF 38

2.11 Schéma du sbRIO-9636 39

2.12 L'architecture de base du CompactRIO 40

2.13 Les différents étages du NI CompactRIO 41

2.14 Affichage de validation sur LCD avec connexion Ethernet................................... 43

2.15 Réalisation du VI de démarrage 44

2.16 Affichage de validation sur LCD sans connexion Ethernet................................... 44

2.17 Face avant LabVIEW de la partie client 46

2.18 modèle producteur-consommateur sous LabVIEW 47

2.19 Organigramme Producteur - Consommateur 48

2.20 Schéma de commande du moteur.. 49

2.21 les pistes du codeur incrémental.. 50

2.22 Les parties mécanique, optique et électronique du codeur incrémental................ 51

2.23 sens de rotation du codeur selon le déphasage des deux pistes A et B 51

2.24 Essai au laboratoire 53

2.25 face-avant de la commande du moteur.. 54

2.26 capteur d'inclinaison intelligent INY360D-F99-B16-V15 55

Liste des tableaux

1.1 Caractéristiques des quatre principaux types de concentrateurs 25

Introduction générale

De nos jours, l'homme a, à sa disposition sur la Terre, de nombreuses sources d'énergie. Les plus utilisées sont les énergies fossiles (charbon, pétrole, gaz) car sont faciles à exploiter et elles sont aussi rentables. Mais, pour différentes raisons, il apparaît que ces énergies ne peuvent plus être exploitées. Tout d'abord, les réserves d'énergie fossiles commencent à diminuer. Ensuite, à cause de la très forte demande des pays en voie de développement comme la Chine et l'Inde, les coûts de ces énergies ne cessent d'augmenter et les rendant très chers pour certaines personnes. Et puis, lors de leur utilisation, ces énergies émettent une grande quantité de gaz à effet de serre (dioxyde de carbone, notamment) qui participent fortement au réchauffement planétaire, qui devient un problème grandissant pour la Terre et les êtres vivants. De nombreuses énergies non polluantes, ou renouvelables, ou abondantes partout à la surface du globe pourraient pourtant être utilisées par l'homme.

Entre autres, on distingue l'énergie éolienne, l'énergie nucléaire, l'énergie hydroélectrique et l'énergie solaire. Mais l'énergie éolienne n'est pas assez rentable, au sens qu'elle ne permet pas de produire beaucoup d'énergie par unité de surface. L'énergie nucléaire, même si elle a un fort rendement, produit des déchets très polluants et peu dégradables. De plus elle fait peur en raison des graves accidents qui peuvent se produire (catastrophe de Tchernobyl), et en raison du risque de prolifération nucléaire. L'énergie hydroélectrique a un bon rendement mais, un fort impact écologique et humain, n'est pas disponible partout, et la plupart des espaces qui lui sont propices sont déjà saturés de barrages. L'énergie solaire, elle est disponible partout à la surface du globe, en quantité égale dans l'année, et a un bon rendement grâce à la technologie actuelle. Elle est de plus facile à exploiter. Elle semble être l'énergie la plus prometteuse pour l'avenir. C'est pour cela que nous avons décidé d'utiliser cette énergie tout en réalisant un système de suivi solaire permettant, comme une tâche finale, de concentrer les rayons solaires sur le récepteur du réflecteur linéaire de Fresnel afin de créer par la suite de l'électricité.

Chapitre 1

Etat de l'art de l'énergie solaire concentrée et conception du Réflecteur Linéaire de Fresnel

1.1 Introduction

Dans ce chapitre, nous présenterons tout d'abord le cahier des charges de notre projet de fin d'étude. Puis, nous décrirons l'énergie solaire comme étant une source d'énergie renouvelable pour parler par la suite de l'état de l'art de l'énergie solaire concentrée (Concentrated Solar Power CSP).

Enfin, afin de comprendre l'application de suivi solaire embarqué dans le concentrateur solaire le Réflecteur Linéaire de Fresnel, nous achèverons par l'étude du principe de fonctionnement de ce dernier, sa composition, ses avantages et ses limites.

1.2 Présentation de l'entreprise AES (ALTERNATIVE ENERGY SYSTEMS)

La société « AES » a été créée en 1998, elle est spécialisée dans le développement, l'installation et la généralisation des systèmes à énergies renouvelables.

AES propose l'installation des équipements solaires hybrides et photovoltaïques (équipements de pompage d'eau, connexion réseau et hors réseau, systèmes pour dessaler l'eau de mer) et l'installation des systèmes solaires thermiques (les chauffe-eaux solaires collectifs et individuels).

En plus, AES réalise des audits d'eau et des audits énergétiques aux différentes institutions publiques et privées (Hôpitaux, Hôtels, Usines, etc..) dans le but d'économiser les ressources du pays (Gaz, Eau, fuel).

AES : l'Efficacité Energétique !

AES réalise des études de développement, de commercialisation, d'installation des systèmes des énergies renouvelables (Énergie solaire, Photovoltaïques,…etc.), de contrôle, de suivi et de maintenance dans différents domaines des ressources renouvelables en gardant son efficacité énergétique.

AES se figure parmi les sociétés leaders du secteur, ainsi elle est le prestataire de prédilection et fournisseur de la majorité des institutions étatiques et privées. Elle est alors classée dans le premier plan des entreprises du secteur de la région.

Dès sa création, AES a développé:

- Une stratégie de positionnement pour satisfaire tous les besoins de sa clientèle.
- Une méthode de travail pour réaliser des projets innovants dans le champ des ressources renouvelables.
- Un objectif pour améliorer la qualité de vie de ses consommateurs en conservant l'environnement.

AES, forte dans son domaine des énergies renouvelables, propose des compétences couvrant bien l'ingénierie, l'exploitation et la maintenance.

En effet, la société AES propose une large gamme de services et de produits (les chauffe-eaux solaires, les équipements photovoltaïques autonomes ou connectés au réseau, les aérogénérateurs, l'audit énergétique, la purification d'eau par le système Osmose Inverse)

Grâce à son groupe, techniquement qualifié, composé d'ingénieurs, de techniciens et d'installateurs, la société a gagné la satisfaction de ses clients.

Les activités d'AES:

Les activités d'AES comprennent :

- L'étude et la conception des systèmes fonctionnant par les énergies renouvelables (Photovoltaïques, Energies solaires, systèmes hybrides et Aérogénérateurs),
- Le pompage solaire PVP,
- Le contrôle des installations par la Gestion Technique Centralisée (GTC),
- L'étude et la conception des systèmes chauffe-eaux solaires pour fournir l'eau chaude sanitaire aux institutions privées et publics (Piscines, Hôtels, Industriel, Administration public),

- L'étude et la conception des équipements de dessalement de l'eau de Mer,
- L'élaboration des audits énergétiques, au sein des différentes institutions privées et étatiques, dans le but d'économiser les ressources du pays (Gaz, Eau, fuel).

1.3 Description du cahier des charges

Le but de notre projet de fin d'étude est la conception et la réalisation d'un système de suivi solaire pour le Réflecteur Linéaire de Fresnel.

Pour cela, il faut déterminer tout d'abord la position du soleil en temps réel ainsi que les angles d'inclinaison de chaque miroir du Réflecteur Linéaire de Fresnel.

Dans une première partie, l'algorithme de suivi solaire sera développé sous Windows en utilisant l'environnement de développement LabVIEW tout en réalisant une interface graphique facile à comprendre pour l'utilisateur. Ensuite, cet algorithme sera implémenté sous le contrôleur NI sbRIO-9636 de chez National Instruments. Aussi, nous sommes tenus à valider cette implémentation sur l'afficheur LCD de ce contrôleur. Ceci afin d'asservir par la suite les moteurs des miroirs à travers l'onduleur VLT Micro Drive FC51 et moyennant des codeurs incrémentaux comme étant les capteurs de récupération des angles de rotation des miroirs du Réflecteur Linéaire de Fresnel.

Enfin, nous développerons une application de contrôle à distance du système de suivi solaire en utilisant le protocole TCP/IP.

Le contrôleur NI cRIO-9014 sera utilisé, dans la validation de la réalisation du système de suivi solaire, au lieu du contrôleur NI sbRIO-9636 pour des raisons que nous expliquerons plus tard.

Le prototype de validation fait 16 mètres de longueur, 8 mètres de largeur et 5 mètres de hauteur couvrant ainsi une surface de 133 m² dont 88 m² de surface réfléchissantes divisée sur 11 axes. Chaque axe est commandé par un seul moteur de type asynchrone.

1.4 Le soleil : une source d'énergie renouvelable

Le soleil est de diamètre $1.39*10^9$m, situé à $1.5*10^{11}$m de la terre. C'est une étoile sphérique formée de gazes chaudes fortement comprimées, la grande partie de ces gaz est l'hélium et l'hydrogène. Cette étoile peut être considérée comme un corps noir de température 5762 K. Au centre du soleil, la température varie entre $8*10^6$ K et $40*10^6$K. Ce centre est 100 fois plus dense que l'eau. L'énergie solaire est due à une fusion thermonucléaire.

Dans ce paragraphe nous parlerons de la constante solaire qui caractérise l'énergie de cette étoile. Ensuite, nous introduirons la trajectoire apparente du soleil pour présenter par la suite les systèmes de coordonnées du soleil. Ceci pour simplifier le calcul de la position solaire dans le chapitre 2.

1.4.1 La constante solaire

La distance moyenne entre la terre et le soleil est de $1.495 * 10^{11}$ mètres $\pm 1.7\%$. Les rayons solaires extrêmes rayonnant à la surface de la terre font un angle de 32 minutes (environ ½ degrés) entre eux. On pourra donc supposer que le rayonnement solaire provenant du soleil et tombant sur la surface de la terre est un rayonnement parallèle.

Le soleil rayonne un flux de $L = 4*10^{26}$ W dans tout l'espace. En dehors de l'atmosphère, la densité de flux qui parvient au niveau de la terre est donnée par :

$$E = \frac{L}{4\pi a^2} \quad (1.1)$$

Avec :

a = la distance entre la terre et le soleil

L'orbite de la terre n'étant pas circulaire, la valeur de E n'est donc pas constante sur l'année. Sa valeur moyenne est de $E0 = 1353$ W/m^2 $\pm 1.5\%$. Cette valeur est appelée la constante solaire. Des mesures récentes ont montré que $E0 = 1373$ W/m^2. Mais, l'énergie transmise par le rayonnement solaire change en passant de l'atmosphère vers le niveau terrestre selon une distribution spectrale particulière. La figure 1.1 présente cette distribution.

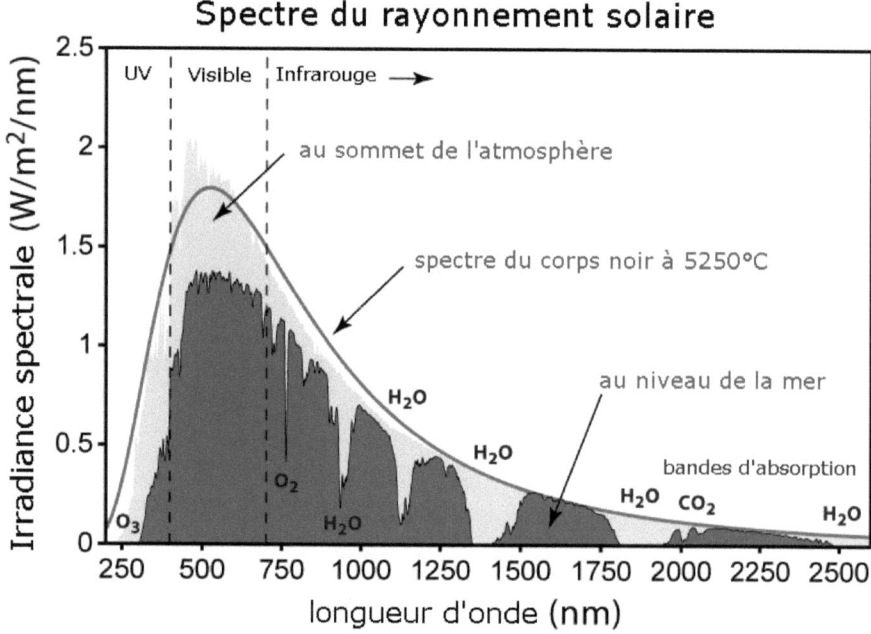

Figure 1.1 - Distribution spectrale du rayonnement solaire en dehors de l'atmosphère et au niveau de la terre

1.4.2 Trajectoire apparente du soleil

Le soleil représente l'un des foyers dans la trajectoire elliptique que la terre décrit. La durée du mouvement de révolution complète de la terre autour du soleil correspond à une année. Ce mouvement est ainsi à l'origine des saisons (voir figure 1.2). Le plan contenant l'orbite terrestre s'appelle, en astronomie, le plan de l'écliptique.

La terre met 24 h pour effectuer une rotation autour de son axe qui est incliné de 23°27' avec la normale du plan de l'écliptique (voir figure 1.3). Cet angle s'appelle l'angle de déclinaison de la terre[1]. Cette rotation provoque alors l'alternance jour-nuit.

---

[1] Voir l'annexe pour savoir comment calculer la déclinaison de la terre δ.

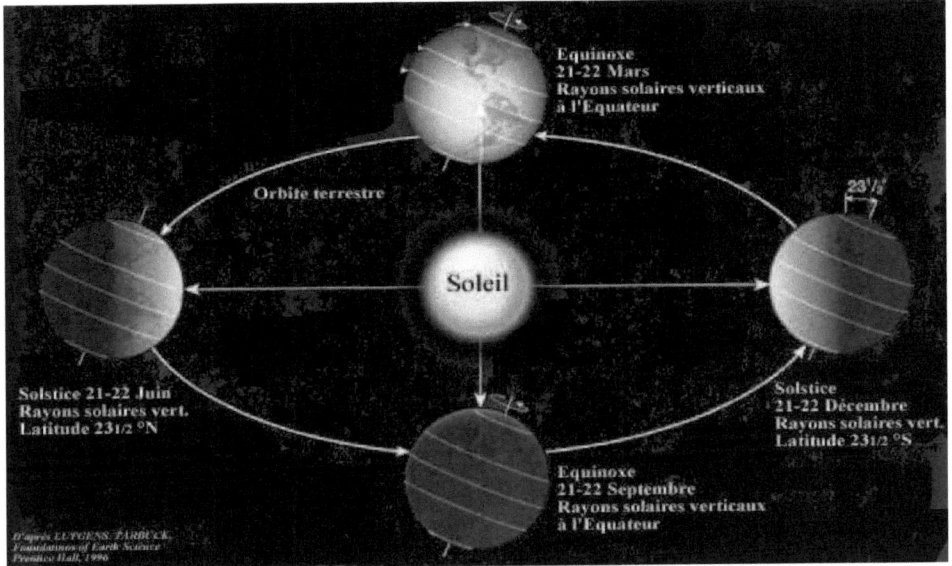
Figure 1.2 - Orbite de la terre autour du soleil

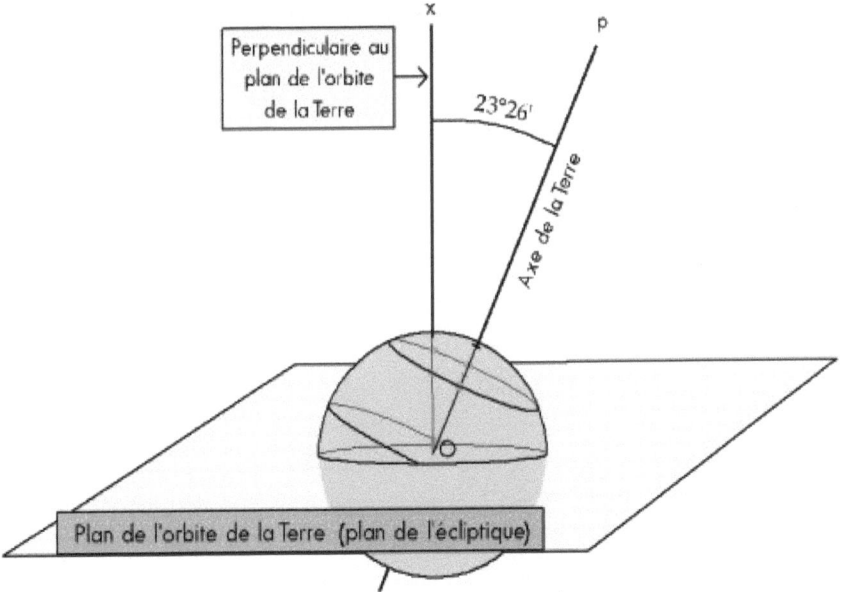
Figure 1.3 - Rotation de la terre autour de son axe

1.4.3 Coordonnées du soleil

1.4.3.1 Le zénith, le nadir et le point vernal

Le zénith est un point se trouvant dans l'intersection de la verticale d'un lieu d'observation et de la sphère céleste[2]. Dans le sens opposé du zénith, le point localisé sous vos pieds s'appelle le nadir.

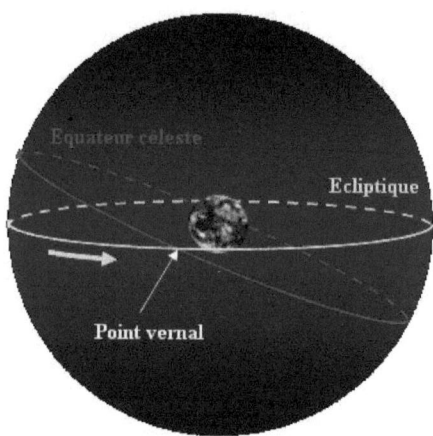

Figure 1.4 - Représentation de la sphère céleste, l'équateur céleste, l'écliptique de la terre et le point vernal

En astronomie, le point vernal γ est aussi un autre point caractéristique. En effet, la terre ayant un angle d'inclinaison entre son équateur et l'écliptique[3], le soleil semble intercepter deux fois l'équateur céleste[4], le point vernal étant le point où le soleil passe du sud vers le nord.

---

[2] La sphère céleste n'est qu'une sphère imaginaire ayant un rayon quelconque et un centre occupé par la terre. C'est un concept astronomique pour représenter tous les astres vus depuis la terre.

[3] L'écliptique est le plan de l'orbite terrestre autour du soleil.

[4] L'équateur céleste c'est la projection de l'équateur terrestre sur la sphère céleste.

Pour repérer la position d'une étoile (le soleil dans notre cas), il faut définir quatre systèmes de coordonnées[5] :

— Les coordonnées azimutales ou horizontales.
— Les coordonnées équatoriales.
— Les coordonnées horaires.
— Les coordonnées écliptiques.

1.4.3.2 Coordonnées azimutales ou horizontales[6]

Les coordonnées azimutales sont simples à visualiser. Le plan de base étant l'horizon du lieu d'un point donné sur la surface de la terre. On repère donc quatre points cardinaux (Sud, Ouest, Nord, Est) et le zénith. Et, on définit deux coordonnées :

— L'azimut varie sur l'horizon, à partir du Sud et dans le sens des aiguilles d'une montre, de 0° à 360°.
— La hauteur h variant entre -90° et +90° depuis le nadir vers le zénith. Or, ce système de coordonnées ne comprend pas le nadir, donc cette hauteur est compté positivement de 0° à 90°.

---

[5] Voir les relations trigonométriques élaborées dans l'annexe décrivant les passages d'un système de coordonnées à un autre.

[6] Le système de coordonnées horizontales sert à déterminer la position du soleil par rapport à l'horizon d'un lieu d'observation donné.

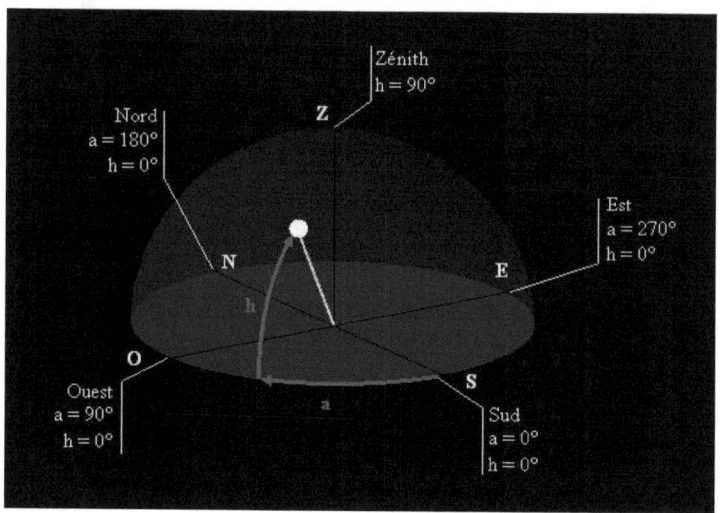

Figure 1.5 - Coordonnées du soleil dans un système de coordonnées azimutales

Pour un concept analytique, on définit le système de coordonnées azimutales comme suit (voir figure 1.6):

- $\overrightarrow{OX}$: dirigé vers le sud.
- $\overrightarrow{OY}$: dirigé vers l'ouest.
- $\overrightarrow{OZ}$: La verticale d'un lieu donné, dirigé vers le haut.
- ($\overrightarrow{OX}$, $\overrightarrow{OY}$, $\overrightarrow{OZ}$) est un trièdre inverse.

Dans ce cas :

- La hauteur h est l'angle entre l'horizontale et la direction terre-soleil $\overrightarrow{OS}$.
- L'azimut a est l'angle entre la projection de $\overrightarrow{OS}$ sur le plan horizontal et l'axe $\overrightarrow{OX}$.
- L'azimut est positif lorsque l'angle est à l'ouest de $\overrightarrow{OX}$.
- L'azimut est négatif lorsque l'angle est à l'est de $\overrightarrow{OX}$.
- L'axe de rotation de la terre fait un angle φ avec $\overrightarrow{OX}$ et se trouve dans le plan ($\overrightarrow{OX}$, $\overrightarrow{OZ}$).

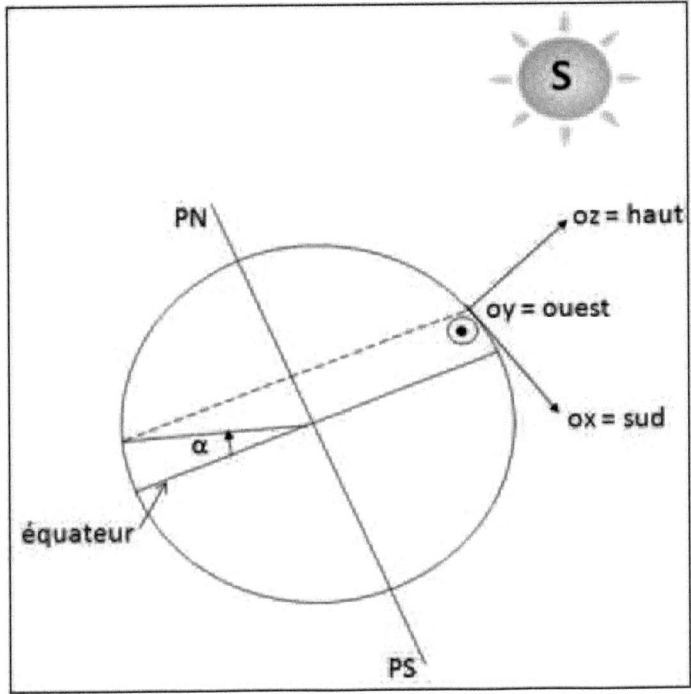

Figure 1.6 - Système de coordonnées azimutales

Ainsi, la position du soleil est définie, dans le système d'axe ($\overrightarrow{OX}, \overrightarrow{OY}, \overrightarrow{OZ}$), comme suit :

$$\overrightarrow{OS} = \begin{pmatrix} x = \cosh * \cos a \\ y = \cosh * \sin a \\ z = \sinh \end{pmatrix} \quad (1.2)$$

1.4.3.3 Coordonnées équatoriales[7]

Les coordonnées équatoriales sont constituées de l'ascension droite α et de la déclinaison δ. Elles se basent sur l'équateur céleste qui est incliné d'un angle φ (la latitude du milieu) par rapport au lieu d'observation. Ainsi, le pôle nord céleste est l'intersection de l'axe de rotation de la terre avec la demi-sphère visible (qui ne comporte pas le nadir).

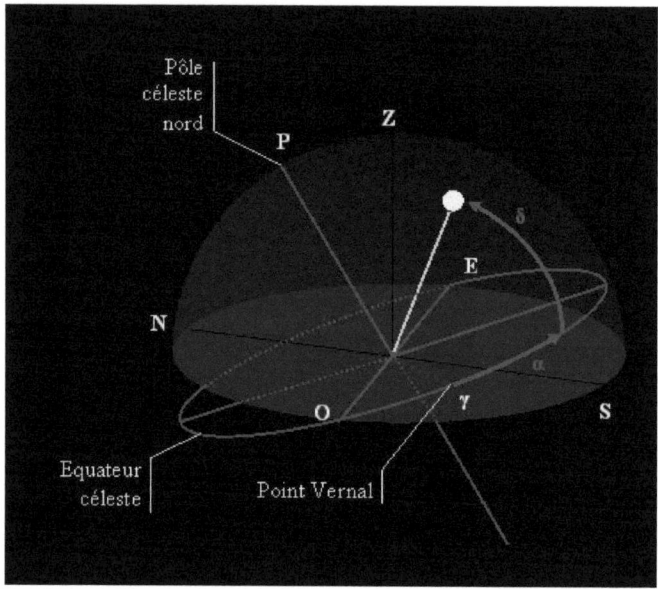

Figure 1.7 - Coordonnées du soleil dans le système de coordonnés équatoriales

---

[7] Le système de coordonnées équatoriales sert à repérer le soleil par rapport à la terre (généralement pour repérer les astres les uns par rapport aux autres).

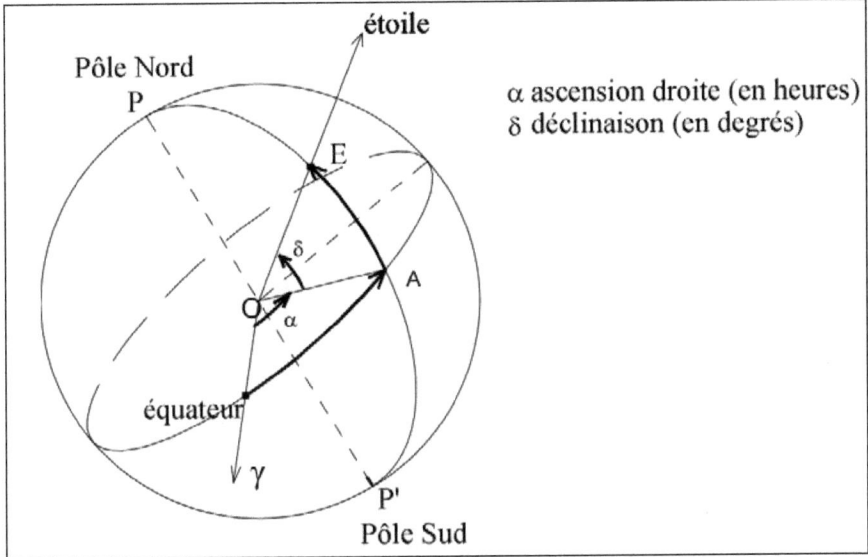

Figure 1.8 - Repérage d'un astre quelconque (le soleil dans notre cas) dans un système de coordonnées équatoriales

- L'ascension droite s'exprime en heures, minutes et secondes (de 0h à 24h). Elle est graduée sur l'équateur céleste à partir du point vernal et dans le sens de l'est.
- La déclinaison se mesure en minute d'arc, en seconde d'arc et en degré (entre -90° et +90°).

Grâce à la rotation de la terre sur elle-même, le soleil semble tourner sur la voûte céleste avec une raison d'un tour par jour (ou bien 390°/24h c'est-à-dire 0,25°/min). Il garde alors la même déclinaison dans une journée mais l'ascension droite change en temps réel.

---

[8] Le système de coordonnées horaires est un système de coordonnées local car il sert à repérer une étoile en un lieu donné.

1.4.3.4 Coordonnées horaires[8]

Dans le système de coordonnées horaires, la direction d'une étoile est repérée par son angle horaire H et encore, comme dans le système de coordonnées équatoriales, par sa déclinaison δ. L'angle horaire s'exprime en heures, minutes et secondes, de même que l'ascension droite.

Les éléments de référence de ce système sont le demi-méridien sud du lieu d'observation (le plan vertical qui passe par le pôle nord) et le plan de l'équateur, comme le système de coordonnées équatoriales.

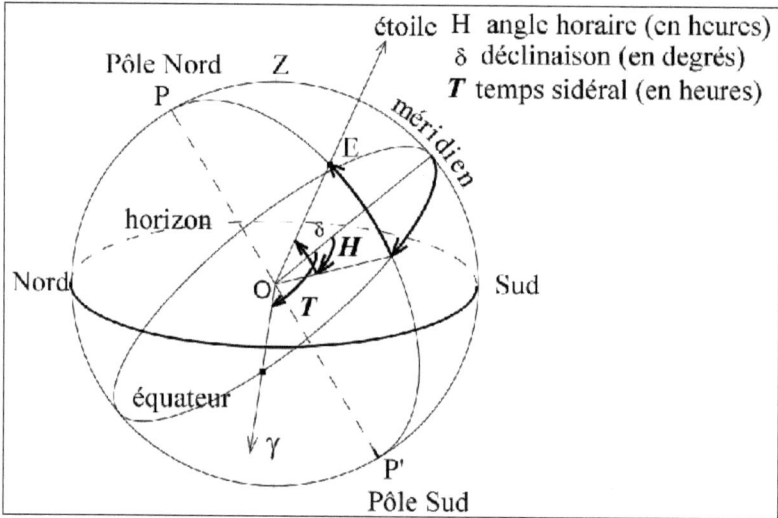

Figure 1.9 - Système de coordonnées horaires

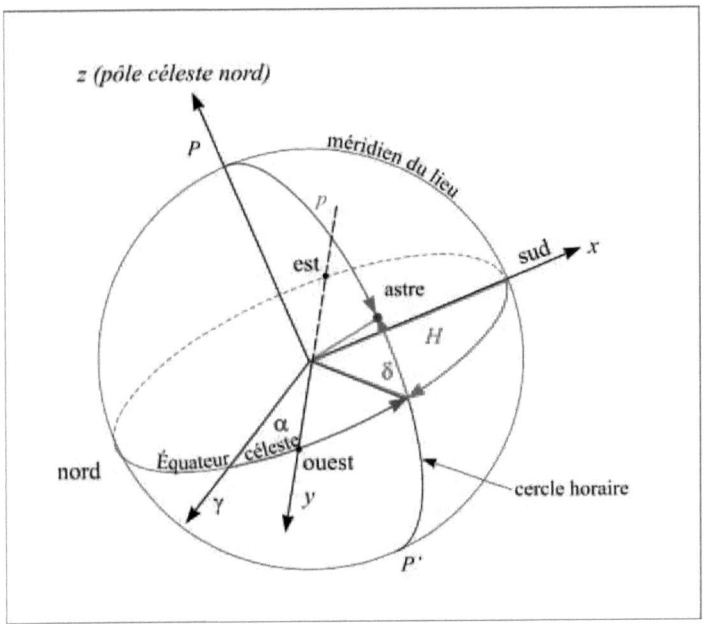

Figure 1.10 - Repère équatorial horaire

Définition du temps sidéral T

Le temps sidéral T (voir figure 1.9) est l'angle horaire au point γ.

Ainsi, on a la relation suivante :

$$H = T - \alpha$$

1.4.3.5 Coordonnées écliptiques[9]

Les coordonnées écliptiques d'une direction d'un astre quelconque sont essentiellement sa longitude écliptique l et sa latitude écliptique b. Ces deux coordonnées s'expriment en degré.

Les éléments de référence d'un tel système de coordonnées sont le point vernal γ et le plan de l'écliptique.

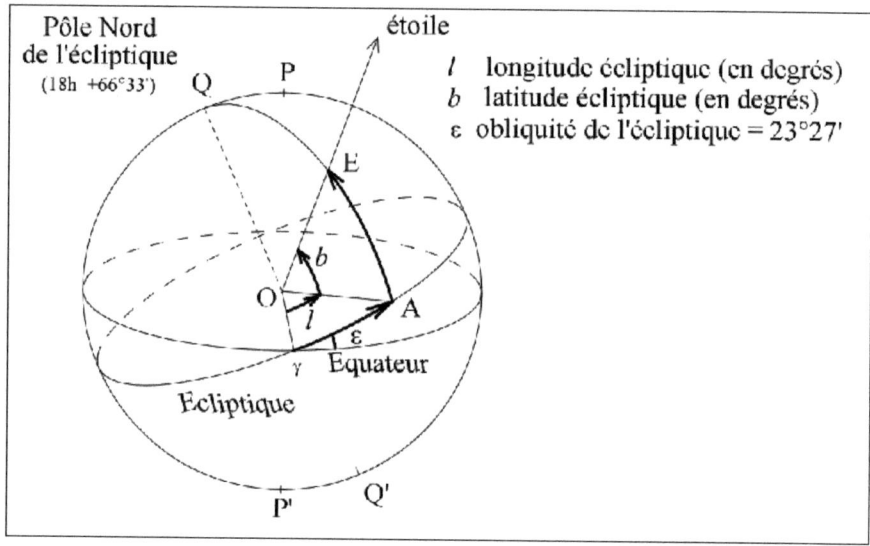

Figure 1.11 : Les coordonnées écliptiques

---

[9] Le système de coordonnées écliptiques sert à déterminer la position du soleil variant sur l'écliptique au cours de l'année, et celles des planètes variant au voisinage de l'écliptique.

1.5 Les concentrateurs solaires

1.5.1 Historique de la technologie de concentration

Les premières expériences, dans le domaine de l'énergie solaire concentrée, ont été réalisées au 19ème siècle par l'italien Allessandro Battaglia. Le départ de Battaglia dans la technologie CSP est l'origine de la méthode de concentration solaire par réflecteurs linéaires de Fresnel.

Par la suite, un autre italien, Giovanni Francia a réalisé des travaux scientifiques et techniques plus développés dans le domaine de l'énergie solaire.

Les années 1960 marquent sa création du système Réflecteur Linéaire de Fresnel.

A la fin des années 1970, un développement des projets de centrales solaires à concentration ont été accomplis aux Etats-Unis, en Europe, en Russie et au Japon.

Dans les années 1980, ces centrales ont été établies dans le désert Californien.

Aujourd'hui, la technologie de l'énergie solaire thermodynamique a largement évolué et plusieurs projets y font appel.

1.5.2 L'énergie solaire concentrée (CSP)

CSP est une technologie solaire thermique, c'est-à-dire que c'est une technologie qui convertie l'énergie lumineuse dans la lumière du soleil en énergie thermique.

Les systèmes de l'énergie solaire concentrée utilisent des miroirs ou des lentilles pour concentrer une grande partie de l'énergie solaire thermique sur une surface limitée (surface ponctuelle ou linéaire). L'énergie électrique est produite lorsque la lumière concentrée sera convertie en chaleur, ce dernier va actionner par la suite un moteur thermique (généralement une turbine à vapeur) connecté à un générateur d'énergie électrique.

Chaque concentrateur possède un facteur de concentration qui caractérise une intensité bien déterminée pour la concentration solaire.

$$\text{Facteur de concentration} = \frac{surface\_du\_miroir}{surface\_du\_récepteur}$$

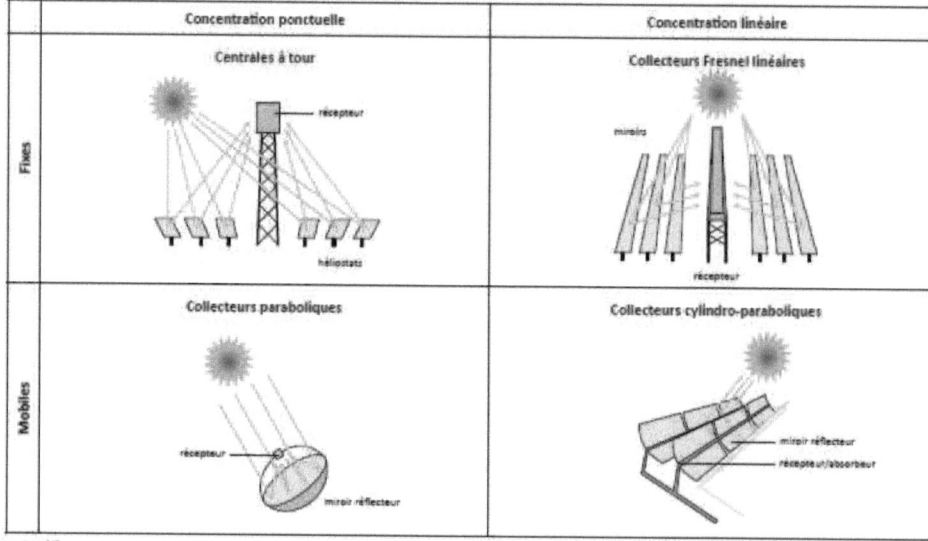

Figure 1.12 - Les systèmes de concentration solaire

La technologie CSP ne doit pas être confondue avec le photovoltaïque à concentration (CPV). En effet, pour CSP la lumière concentrée va être transformée en chaleur, et cette dernière sera convertie par la suite en électricité. Par contre, pour CPV (concentrated photovoltaïcs) l'énergie lumineuse est convertie directement en énergie électrique par l'effet photovoltaïque.

Les systèmes de concentration solaires utilisent bien évidemment le rayonnement direct, ils sont donc applicables dans les zones où il ya peu de nuages. Cependant, dans les zones nuageuses ou poussiéreuses, les technologies photovoltaïques (sans concentration) sont susceptibles d'être plus pratique.

1.5.3 Classification des systèmes à technologie CSP

On peut classer les centrales solaires thermodynamiques selon trois catégories :

- Le type de suivi.
- Le type de commande.
- Le mode de concentration du rayonnement solaire.

1.5.3.1 Types de suivi

a. Suiveurs mono-axiaux

Le seul degré de liberté de ces systèmes est une rotation autour d'un seul axe.

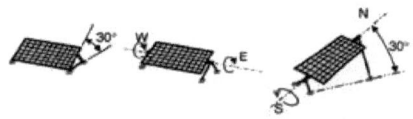

Figure 1.13 - Suiveurs mono-axiaux

Quatre catégories figurent pour ces suiveurs :

- *Les traqueurs d'oscillation* possédant un axe de rotation nord-sud
- *Les traqueurs de tilt* possédant un axe de rotation est-ouest
- *Les traqueurs d'azimut* disposant d'un seul degré de liberté autour de l'axe vertical nadir- zénith
- *Les traqueurs à axe polaire* déplaçant sur un axe pratiquement parallèle à l'axe de rotation de la terre tout en garantissant une efficacité maximale.

b. Suiveurs bi-axiaux

Ces traqueurs ayant deux degrés de liberté de façon que l'axe perpendiculaire à la surface des panneaux photovoltaïques soit, en temps réel, dans la direction des rayons solaires. Mais, ces systèmes présentent une complexité dans leurs constructions.

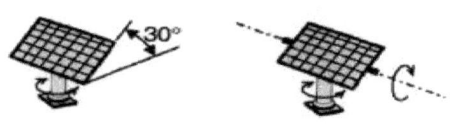

Figure 1.14 - Suiveurs bi-axiaux

1.5.3.2 Types de commande

- Analogique: les informations collectées par un capteur permettent la génération d'une commande qui permet l'identification du point du ciel le plus lumineux.

- Numérique: la réalisation d'un algorithme de suivi solaire permet de réaliser également une commande, implémenté dans un microprocesseur, pour trouver la position du soleil en temps réel.

La majorité des traqueurs ou des suiveurs solaires sont entraînés par des moteurs électriques triphasés à courant alternatif ou par des moteurs à courant continu. Le système a généralement une faible vitesse de rotation, donc on utilise souvent un réducteur pour garder une vitesse acceptable qui nous garantie un suivi solaire correct.

1.5.3.3 Les modes de concentration du rayonnement solaire

Selon les caractéristiques géométriques des systèmes à technologie CSP on distingue :

Les concentrateurs à trois dimensions : Ce sont les systèmes qui concentrent le rayonnement solaire autour d'un point.

Les concentrateurs à deux dimensions : Ce sont les systèmes qui concentrent le rayonnement solaire autour d'une ligne.

a. Les concentrateurs ponctuels

Centrale à tour :

Autour de ce type de centrales, on remarque que nombreux miroirs uniformément répartis sont installés afin de concentrer les rayons solaires dans une chaudière localisée au sommet d'une tour. Ces miroirs sont appelés héliostats. Chaque héliostat est un système de suivi solaire en réfléchissant les rayons solaires précisément en direction du récepteur de la tour.

Le récepteur peut fournir une énergie thermique importante (de 600°C à 1000°C). Cette dernière est expliquée par le facteur de concentration important qui peut dépasser 1000. Ensuite, l'énergie concentrée peut être soit exploitée pour exciter un fluide caloporteur intermédiaire qui est par son tour transféré dans une chaudière pour générer de la vapeur qui fera entraîner des turbines, soit directement transmise en fluide thermodynamique (chauffage d'air pour alimenter une turbine à gaz ou production directe de vapeur pour entraîner une turbine). De toute façon, les turbines actionnent des alternateurs fournissant de l'électricité.

Figure 1.15 - Centrale à tour

Les centrales à capteurs paraboliques :

Ces systèmes ont le même fonctionnement que les paraboles à réception satellite grâce à leur forme. Ils fonctionnent d'une manière autonome sur deux axes tout en suivant automatiquement le soleil pour réfléchir et concentrer les rayons solaires autour d'un point appelé foyer ou récepteur du système. Généralement, un tel récepteur est une enceinte fermée qui contient du gaz monté en température par l'effet de concentration. Ce gaz thermodynamique actionne un moteur Stirling afin de convertir l'énergie thermique, en énergie mécanique qui va être également convertit en électricité.

Ainsi, ces systèmes possèdent souvent un rapport de concentration supérieur à 2000. Aussi, une température de 1000°C peut être atteinte par le récepteur.

Parmi les plus principaux avantages que procurent ces systèmes est la modularité. En effet, ils peuvent être installés dans des régions isolées et non connectées au réseau électrique. Mais, pour ces systèmes le stockage est difficile.

Figure 1.16 - Centrale à capteurs paraboliques

b. Les concentrateurs linéaires

Les centrales à collecteurs cylindro-paraboliques :

Ces centrales sont également des systèmes de suivi solaire. Elles sont composées de rangées parallèles contenant des concentrateurs. Ces derniers sont des longs miroirs de forme cylindro-parabolique.

Ainsi, les rayons du soleil sont convergés vers un tube récepteur dans lequel un fluide caloporteur circulant sous une température pouvant atteindre 400°C.

Enfin, ce fluide va être par la suite pompé par des échangeurs pour créer de la vapeur surchauffée qui entraîne un générateur électrique ou une turbine.

Figure 1.17 - centrale à collecteurs cylindro-paraboliques

Les centrales solaires à miroir de Fresnel :

Les concentrateurs cylindro-paraboliques est une technologie de coût important vue la forme parabolique des verres. Ainsi, l'alternative possible est de remplacer les miroirs cylindro-paraboliques par des miroirs plans.

Il s'agit du principe du réflecteur linéaire de Fresnel de sorte que chacun des miroirs suive la course du soleil afin de réfléchir et converger les rayons du soleil autour d'un tube ou d'un ensemble de tubes linéaires fixes.

Un fluide thermodynamique circulant au sein du récepteur horizontal, peut être ensuite vaporisé et surchauffé vers une température de 500°C. La vapeur ainsi produite entraîne une turbine qui va produire par son tour de l'électricité.

Figure1.18 - Centrale à miroir de Fresnel

1.6 Introduction au Réflecteur Linéaire de Fresnel

1.6.1 Principe de fonctionnement

Le Réflecteur Linéaire de Fresnel (RLF) est composé souvent :

– du miroir ou réflecteur de Fresnel : des bandes de miroirs successives réfléchissent les rayons solaires pour les concentrer vers le récepteur.

– du récepteur qui est positionné au dessus des miroirs de Fresnel et intercepté par le rayonnement solaire concentré. Le récepteur est composé généralement par:

– un réflecteur secondaire qui concentre le rayonnement. Ainsi, il fait réduire la surface du récepteur pour limiter les pertes. En plus, il peut homogénéiser le flux de puissance recueilli par l'élément absorbeur.

– un élément absorbeur qui est constitué souvent d'un tube mais il peut être aussi formé par plusieurs tubes. Il joue un rôle d'échangeur en collectant l'énergie thermique du rayonnement solaire concentré vers le fluide caloporteur.

– une vitre assurant la limitation des pertes radiatives. En effet, les rayons solaires entrent dans le récepteur, et par conséquence, la paroi du récepteur est chauffée, mais l'émission de la chaleur vers le milieu extérieur est bloquée en grande partie par l'effet de la vitre.

Le schéma ci-dessous résume le principe du concentrateur RLF.

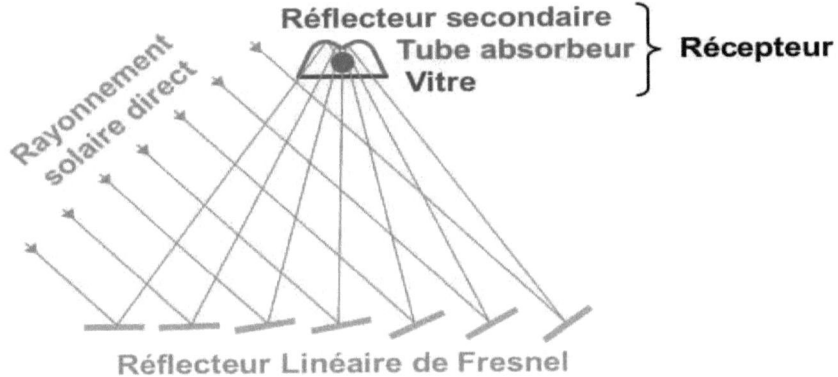

Figure 1.19 - Principe d'un concentrateur à Réflecteur Linéaire de Fresnel

1.6.2 Avantages et limites du RLF

1.6.2.1 Stockage thermique

L'énergie solaire peut être stockée en quelques heures. Cette opportunité du stockage thermique réduit énormément les incertitudes dues à la discontinuité de la ressource solaire.

Cela fournit un plus, en comparaison d'autres énergies renouvelables telles que le photovoltaïque ou l'éolien, de l'électricité. Cependant, il n'est pas facile de stocker l'énergie électrique: le moyen le plus utilisé est le stockage à travers les batteries, dont on connaît ses coûts, la question des matières premières et l'effet sur l'environnement. Ainsi, le stockage d'énergie potentielle nécessite le pompage et le turbinage d'eau à travers deux barrages hydroélectriques, donc le stockage thermique est probablement le meilleur moyen, réalisable partout dans les installations héliothermodynamiques, pour stocker l'électricité.

1.6.2.2 Comparaison du RLF aux autres techniques de concentration

Les différents systèmes concentrateurs sont analysés en détail dans le rapport du projet AQUA-CSP [1].

Le tableau ci-dessous compare les caractéristiques des quatre principales filières des concentrateurs.

Tableau1.1 : Caractéristiques des quatre principaux types de concentrateurs [1]

	Cylindro-parabolique	Linéaire de Fresnel	Récepteur Central	Parabole
Capacité d'une unité (MW)	10-200	10-200	10-150	0.01-0.4
Facteur de Concentration	70-80	25-100	300-1000	1000-3000
Rendement solaire maximum	21% (a)	20% (d)	20% (a) 35% (d)	29% (a)
Rendement solaire annuel	10-15% (a) 17-18% (d)	9-11% (d)	8-10% (a) 15-25% (d)	16-18% (a) 18-23% (d)
Rendement du cycle thermodynamique	30-40% TV	30-40% TV	30-40% TV 45-55% CC	30-40% MS 20-30% TG
Facteur de capacité	24% (a) 25-90% (d)	25-90% (d)	25-90% (d)	25% (d)
Emprise au sol (m2=MWh=an)	6-8	4-6	8-12	8-12

(a) vérifié aujourd'hui

(d) attendu demain

TV : turbine à vapeur ; CC : cycle combiné ; MS : moteur Stirling ; TG : turbine à gaz

1.6.2.3 Avantages du RLF par rapport aux concentrateurs cylindro-paraboliques (PT)

Bien que les centrales à concentrateurs cylindro-paraboliques sont les plus utilisés, les réflecteurs linéaires de Fresnel présentent de nos jours plusieurs avantages. En effet, le concept RLF est plus simple. Tout d'abord, les miroirs plans sont plus faciles à fabriquer : une petite déformation élastique de ces miroirs par un système mécanique, permet d'acquérir la légère concentration nécessaire. En plus, la moindre prise au vent de ses concentrateurs donne une structure plus légère, et donc le système de suivi solaire se contente de moteurs moins puissants. En outre, la ligne focale du récepteur est fixe ce qui nous permet d'éviter l'utilisation des connexions flexibles. D'autre part, l'espace est mieux utilisé pour le RLF, car ses miroirs couvrent 70% du sol. Mais, les concentrateurs cylindro-paraboliques ne couvrent que 30% du sol.

Une centrale RLF est composé dans sa grande partie de dispositifs de technologies simples "low-tech". Ainsi, la construction de la centrale est réalisable avec les moyens disponibles localement et avec des bas coûts de main d'œuvre. Aussi, la maintenance est pratiquement plus aisée, en particulier le nettoyage des miroirs, qui peut même être automatisé. Alors, la conception de la technologie RLF est modulaire.

Dès que l'unité de base est mise au point, on peut l'appliquer pour une dizaine de kW jusqu'une centaine de MW. En plus, la production des composants est aisément automatisable. Par conséquent, le développement à grande échelle de cette technologie pourra être rapide.

1.6.2.4 Principales limites du RLF

Le système optique du RLF est moins performant que le système optimal des collecteurs cylindro-parabolique.

Dans les travaux le système RLF a tendance de fonctionner moins longtemps tout le long de la journée mais plus fort car il démarre seulement entre le lever et le coucher du soleil. Voyant la même surface de miroirs, le RLF fournit une puissance plus élevée que le PT en milieu de la journée.

Par conséquent, il faut prendre en compte cette spécifique de production dans le développement et les méthodes de contrôle du RLF [2][3].

1.7 Conclusion

Après avoir présenté le cahier des charges proposé par la société AES, nous avons parlé de l'énergie solaire, ainsi que la trajectoire apparente du soleil afin de préciser la position de cette étoile dans le ciel pour déterminer par la suite la direction des rayons solaires en temps réel. En arrivant à cette étape, nous pouvons ainsi exploiter l'énergie solaire en utilisant la technologie CSP ou encore la technologie de l'énergie solaire concentrée. Pour bien comprendre cette technologie, nous avons introduit les concentrateurs solaires en les classant selon leurs types de suivi, leurs types de commande et leurs modes de concentration du rayonnement solaire. Ensuite, nous avons détaillé la technologie des réflecteurs linéaires de Fresnel en précisant ses avantages et ses limites. Arrivé à ce stade, nous sommes intéressés à réaliser un système de suivi solaire pour un Réflecteur Linéaire de Fresnel afin de concentrer les rayons solaires dans son récepteur. Ceci est le sujet du chapitre suivant.

Chapitre2
Réalisation d'un système de suivi solaire pour un Réflecteur Linéaire de Fresnel

2.1 Introduction

Dans ce chapitre on présentera tout d'abord l'implémentation des algorithmes des angles d'inclinaison, pour les 11 axes du Réflecteur Linéaire de Fresnel, dans l'environnement de développement **LabVIEW** sous Windows (PC). Par la suite, on implémentera ces algorithmes sous **Single Board RIO** (sbRIO) de chez National Instruments tout en validant notre travail sur l'afficheur LCD de ce dispositif. Puis, on a profité l'occasion que sbRIO comporte un **codeur incrémental** pour tester sur table la commande d'une **MAS** à travers l'**onduleur VLT Micro Drive FC51**. Or, sbRIO fournit 3,3V dans ses sorties numériques alors on a utilisé une **carte TTL 3,3V-24V** pour qu'on puisse commander les entrées numériques de l'onduleur, et enfin la validation de tout le travail se fait sous **CompactRIO**. Aussi, un assemblage de 11 **réducteurs** utilisés pour diminuer les vitesses des MAS.

En plus, on présentera l'avancement au niveau du montage du RLF.

2.2 Présentation de la plate-forme LabVIEW

Le logiciel LabVIEW (Laboratory Virtual Instrument Engineering Workbench) est un environnement graphique de développement crée par National Instruments. Il est conçu pour aider les ingénieurs à passer d'un niveau de conception à un niveau de test et de réalisation et de commander des grands systèmes à partir de leurs prototypes.

En intégrant les outils dont les ingénieurs et les chercheurs ont besoin, on pourrait développer avec LabVIEW plusieurs applications en un temps minimal.

LabVIEW est un environnement créé dans le but de résoudre beaucoup de problèmes industriels, accélérer la productivité et fournir une innovation continue.

LabVIEW utilise le langage G comme langage de programmation, c'est un langage qui développe des algorithmes d'une manière schématique. En effet, l'algorithme sera développé dans le diagramme de LabVIEW qui est lié à une interface graphique appelée face-avant. Cette dernière est conçue pour l'utilisateur afin de savoir les états des entrées-sorties d'un algorithme quelconque. En plus, les programmes et les sous-programmes présentés sous forme d'icônes sont nommés Instruments Virtuels (VI).

2.3 Position du problème

Les mouvements de rotation des miroirs du réflecteur linéaire de Fresnel sont dus aux actions des moteurs asynchrones. Pour commander ces derniers, il faut tout d'abord savoir la position du soleil en temps réel (en utilisant l'algorithme du positionnement solaire SPA) pour calculer par la suite les angles d'inclinaison de chaque miroir. Ensuite, nous devrons comparer l'angle d'inclinaison de chaque miroir avec l'angle de rotation actuel du moteur correspondant (calculé à travers le codeur incrémental). Enfin, selon cette comparaison nous enverrons, la vraie commande numérique (pour envoyer l'ordre de tourner dans le sens horaire ou le sens inverse), au moteur asynchrone correspondant à travers un onduleur en utilisant le NI CompactRIO.

2.4 Partie logicielle

2.4.1 Implémentation de l'algorithme «SPA» sous Windows

2.4.1.1 Utilité de l'algorithme « SPA »

« SPA» est un rapport technique décrivant une procédure pour définir l'algorithme de la position solaire (Solar Position Algorithm) élaboré par Reda et Andreas dans le but de calculer les angles zénith et azimut du soleil avec des incertitudes égales à ±0.0003° entre les années -2000 et 6000, ainsi que le lever et le coucher du soleil[1].

Dans l'annexe du rapport technique « SPA» de « NREL »[2] sous la référence « NREL/TP-560-34302 », révision janvier 2008 [1], l'algorithme de la position solaire est publié sous forme d'un code source C.

---

[1] La commande des MAS se fait seulement entre le lever et le coucher du soleil.

[2] Abréviation de National Renewable Energy Laboratory.

Sous Windows, on peut intégrer le code C sous LabVIEW à travers une routine DLL[3]. En effet, on a compilé le code de l'algorithme comme étant un projet d'une bibliothèque à liaison dynamique sous le .NET Studio. Ensuite, on a récupéré les fichiers « .dll » et « .h » de l'algorithme et on a réussi à créer une « Bibliothèque Partagée » sous LabVIEW.

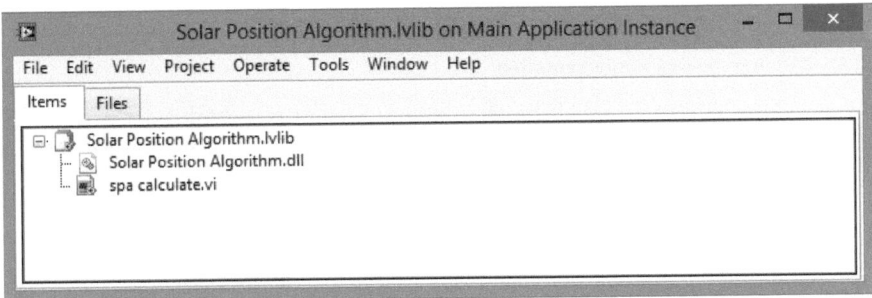

Figure 2.1 - Création de la bibliothèque de l'algorithme SPA sous LabVIEW

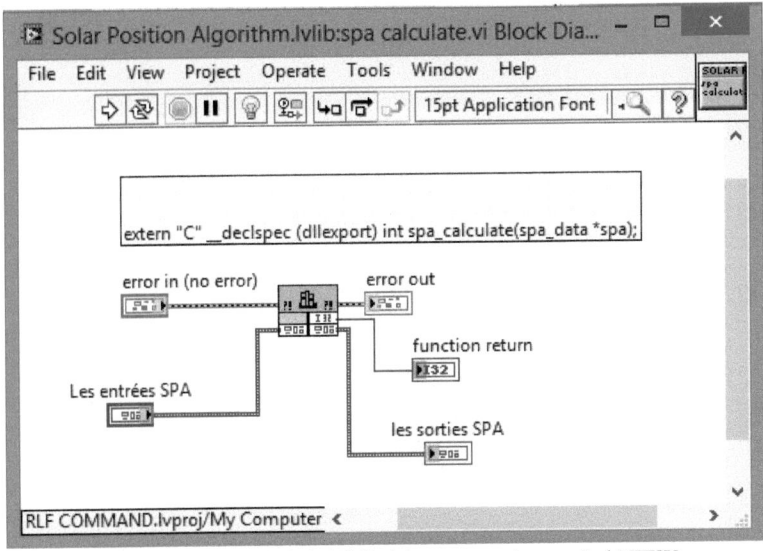

Figure 2.2 - L'appel de la bibliothèque partagée sous LabVIEW

---

[3] Abréviation de Dynamic Library Link c'est-à-dire Bibliothèque à Liaison Dynamique.

Cependant, on n'utilisera pas cette bibliothèque dans l'implémentation de l'algorithme sous sbRIO ou sous cRIO dont l'explication se trouve dans la partie consacrée à la réalisation matérielle de ce chapitre. Alors, on a choisi de redévelopper tous les équations décrites dans le code source C sous forme des sous VIs (c'est-à-dire sous programmes dans les langages classiques) : les sorties calculées par un sous VI seront utilisées dans les sous VIs suivants.

2.4.1.2 Démarche de l'implémentation

Pour implémenter l'algorithme de la position du soleil on a suivi la démarche décrite dans le rapport «SPA». En effet, on a recours à décrire sous LabVIEW les échelles de temps vue l'importance du temps correcte dans l'algorithme «SPA».

Ensuite, on a développé 44 équations[4] pour déterminer la hauteur et l'azimut du soleil[5] qui définissent la position solaire, ainsi que l'angle d'incidence solaire sur une surface orientée arbitrairement.

---

[4] Voir Annexe.

[5] L'hauteur et l'azimut du soleil vont être utilisés dans le paragraphe suivant pour calculer les angles d'inclinaisons des miroirs du RLF.

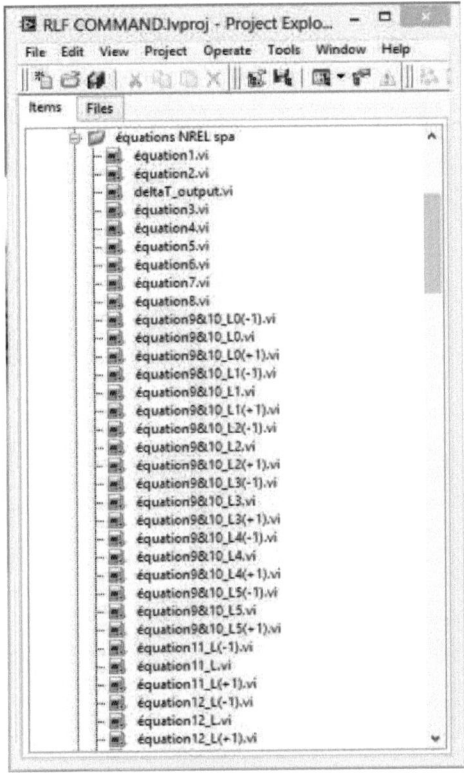

Figure 2.3 : Interface du projet de l'implémentation des équations de l'algorithme SPA

2.4.2 Implémentation des angles d'inclinaison du RLF sous Windows

2.4.2.1 Dimensionnement du RLF et calcul des angles d'inclinaison du RLF

Les dimensions de notre prototype de validation sont comme les suivantes:

— 16 mètres de longueur.

— 8 mètres de largeur.

— 5 mètres de hauteur.

Ainsi, le système couvre 133 m² dont 88 m² de miroirs réfléchissants sur le tube absorbeur qui sont divisées sur 11 axes parallèles.

Figure2.4 - Prise réelle du réflecteur RLF installé à l'ENIT

Il est nécessaire de calculer les angles d'inclinaison des miroirs du RLF pour augmenter le rendement de ce dernier.

Puisqu'on a considéré seulement le rayonnement direct du soleil, on peut ainsi modéliser le système comme étant un repère à deux dimensions afin de déterminer φ_i l'angle d'inclinaison correspondant à chaque miroir du RLF.

Pour cela, on a utilisé le repère (O, X, Y) tel que :

- (OX) : l'horizontale du lieu qui passe par les axes de rotation des miroirs du RLF.
- (OY) : la verticale du lieu qui passe par l'absorbeur.
- f : distance focale séparant le capteur de l'absorbeur.
- d_i : distance entre l'axe de rotation i et l'origine du repère.

- β_i : angle entre l'axe X (l'horizontale) et un rayon réfléchi du miroir i.
- θ : angle entre le rayon incident et la normale du miroir i.
- φ_i : angle d'inclinaison d'un miroir i par rapport à l'axe X.
- h_T : hauteur du soleil transversale définissant l'angle d'élévation du soleil.

Pour plus de simplicité, on a partagé le calcul angulaire selon deux groupements :

— Le groupement G1 désignant les miroirs qui se trouvent à l'Est de l'absorbeur.

— Le groupement G2 désignant les miroirs qui sont à l'Ouest de l'absorbeur.

Chaque groupement figure sous deux cas :

— Le soleil se trouve à l'Est de l'absorbeur donc on a $h_T > \beta_i$.

— Le soleil se trouve à l'Ouest de l'absorbeur ce qui donne $h_T < \beta_i$.

La figure2.5 traduit ainsi le modèle géométrique du groupement G1.

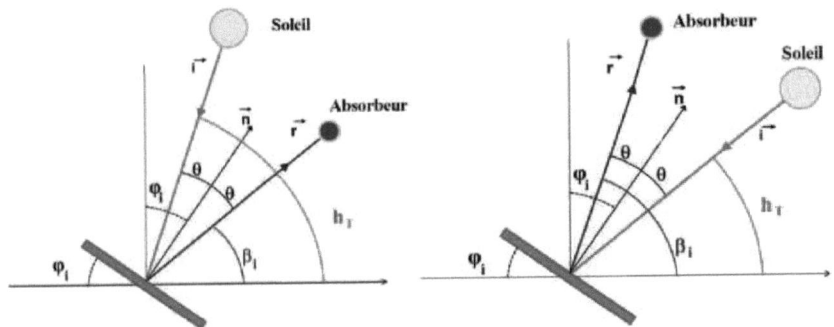

Figure 2.5 - le modèle géométrique du groupement G1[4]

La figure2.6 résume le modèle géométrique du groupement G2.

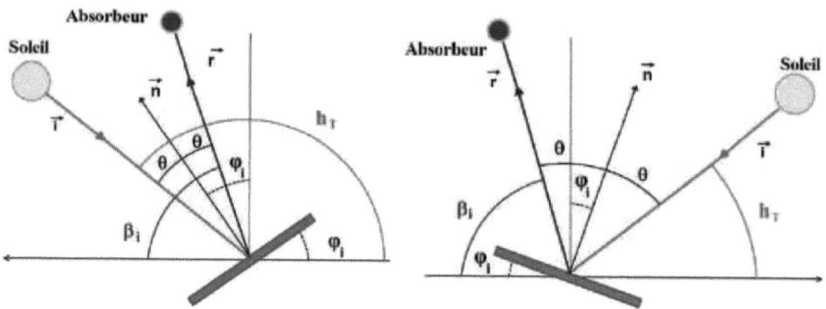

Figure 2.6 - modèle géométrique du groupement G2[4]

Ainsi, après quelques opérations géométriques, les angles d'inclinaison du miroir i respectivement pour le groupement G1 et le groupement G2 sont définis par les équations suivantes :

- $\varphi_{i\,G1} = \dfrac{\pi}{2} - (\dfrac{h_T}{2} + \dfrac{\beta_i}{2})$ (2.1)

- $\varphi_{i\,G2} = \dfrac{\beta_i}{2} - \dfrac{h_T}{2}$ (2.2)

2.4.2.2 Calcul des angles de rotation selon le sens d'orientation du RLF

D'après les équations (2.1) et (2.2), on remarque que les angles d'inclinaison du RLF dépendent de l'élévation du soleil h_T. Cette dernière est déterminée en projetant le vecteur $\overrightarrow{OS}$ [6,] transversalement aux miroirs du réflecteur RLF, sur le plan d'étude (X, Y).

Ainsi, on a proposé de standardiser notre algorithme de calcul angulaire pour les réflecteurs RLF ayant l'orientation Nord-Sud et ceux qui ont l'orientation Est-Ouest.

---

[6] $\overrightarrow{OS}$ désigne la direction terre-soleil.

a) Réflecteur Linéaire de Fresnel ayant l'orientation Nord-Sud (le cas de notre système)

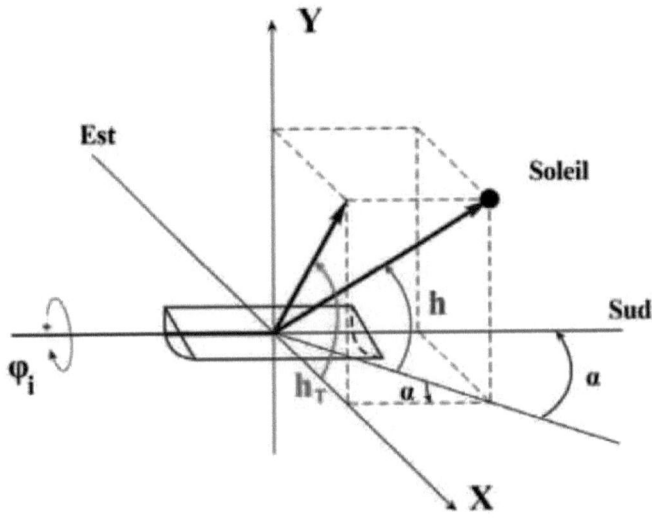

Figure 2.7 – Détermination de la hauteur transversale selon le sens d'orientation Nord-Sud du RLF

La figure2.7 montre un RLF orienté Nord-Sud. L'azimut du capteur de ce réflecteur étant égal à ± 90°. La hauteur transversale du soleil étant exprimée comme suit :

$$h_T = \arctg\left(\frac{\tanh}{\sin a}\right)$$

avec h est la hauteur du soleil et a est son azimut.

b) **Réflecteur Linéaire de Fresnel ayant l'orientation Est-Ouest**

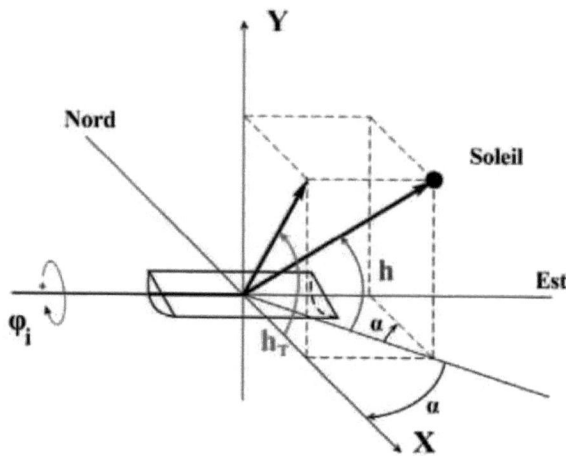

Figure 2.8 – Détermination de la hauteur transversale selon le sens d'orientation Est-Ouest du RLF

L'azimut du capteur de ce réflecteur étant égal à ±0 °. La hauteur transversale du soleil est définie, dans ce cas, par la relation suivante :

$$h_T = \text{arctg}\left(\frac{\tanh}{\cos a}\right)$$

2.4.2.3 Implémentation du calcul angulaire sous Windows

Les étapes de l'implémentation du calcul angulaire se traduisent dans le schéma synoptique ci-dessous.

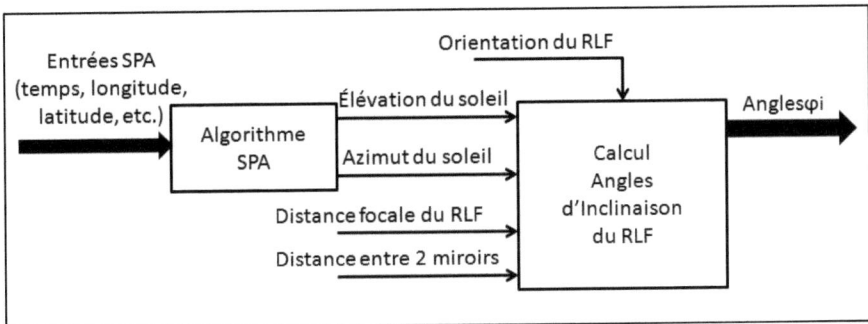

Figure 2.9 – Schéma synoptique pour le calcul des angles d'inclinaison des miroirs du RLF

La figure2.10 montre la face-avant du programme LabVIEW calculant les angles de rotation des 11 miroirs du RLF.

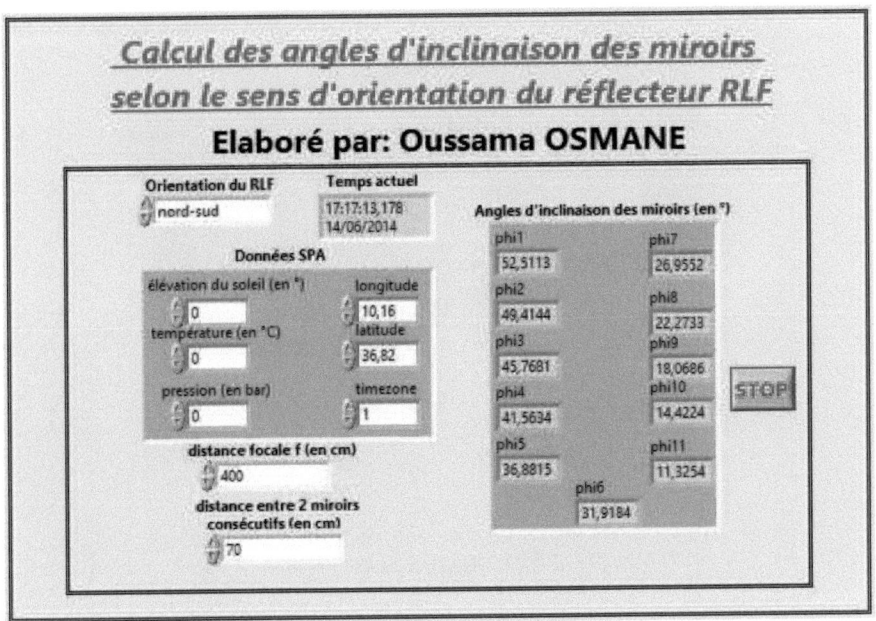

Figure 2.10 – Face-avant LabVIEW des angles d'inclinaison des miroirs du RLF

2.5 Partie matérielle

2.5.1 Description du système NI sbRIO-9636

Le NI sbRIO-9636 est un système embarqué de commande et d'acquisition de données qui intègre un processeur temps réel, un FPGA (c'est un circuit logique programmable) reconfigurable par l'utilisateur et des entrées/sorties sur une seule carte de circuit imprimé (printed circuit board en anglais ou encore PCB). Ce système dispose d'un processeur industriel de 400MHz de fréquence, un FPGA Xilinx Spartan-6 LX45, 16 entrées analogiques avec une résolution de 16 bits, une fréquence d'échantillonnage de 200 kS/s (kS/s : unité exprimant le nombre de millier d'échantillons par seconde) et une tension maximale de 10V, 4 sorties analogiques de 16 bits et de 10V de tension maximale, et 28 entrées - sorties (l'utilisateur configure ses canaux logiques soit comme des entrées soit comme des sorties) de niveaux logiques de 3,3V (Vous trouverez le rôle du processeur, du FPGA et des E/S dans le paragraphe suivant).

Figure 2.11 - Schéma du sbRIO-9636

Le NI sbRIO-9636 comporte un port Ethernet intégré de 10/100 Mbit/s qu'on peut l'utiliser pour faire une communication programmatique sur un réseau local, sur internet

(HTTP) et sur des serveurs de fichiers (FTP). Il offre aussi des ports intégrés tels que USB, CAN, SDHC, et les ports série RS232 et RS485 pour contrôler les périphériques.

Le NI sbRIO-9636 est conçu pour être facilement intégré dans des grandes applications qui nécessitent de la flexibilité, de la fiabilité et de la haute performance. Pourtant, Les systèmes NI CompactRIO (voir la description de cet équipement dans le paragraphe suivant) sont idéales pour les applications de faible à moyen volume et pour le prototypage rapide. Mais, on a choisi de commander le RLF avec le NI CompactRIO car il est plus robuste et plus résistant, aux inconvénients de l'environnement industriel tels que la corrosion et la poussière, que le NI sbRIO.

2.5.2 Description de l'équipement NI CompactRIO

Comme le NI sbRIO, ce système embarqué est conçu pour la commande et l'acquisition des données, il est programmé graphiquement par NI LabVIEW pour faire un développement rapide. Il se compose aussi d'un processeur embarqué à temps réel, dans le but de créer des opérations autonomes, un circuit FPGA intégré qui rend le système plus performant, flexible et fiable et des modules industriels d'E/S.

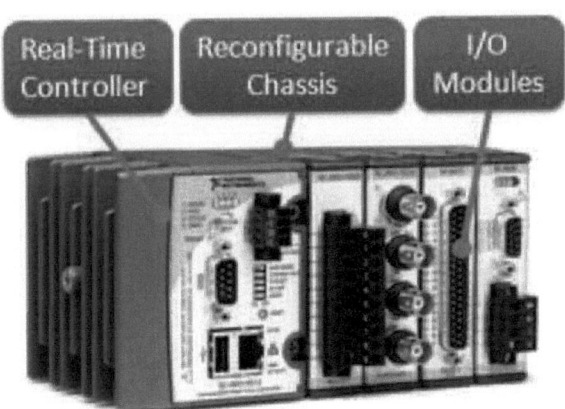

Figure 2.12 - L'architecture de base du CompactRIO

Les avantages du NI CompactRIO dans l'industrie sont divers tels que :

-Fonctionnement dans une température variant entre -40 et 70° C.
-Résistivité aux chocs de 50 g.
-Classe1, division2 pour les emplacements dangereux, etc.

Le NI CompactRIO est un contrôleur d'automatismes programmables conçu pour les applications de performances et de fiabilités élevées. Grâce à son architecture embarquée, son comportement robuste, compact et flexible, CompactRIO peut supporter plusieurs systèmes embarqués spécifiés par les ingénieurs. De plus, il comporte dans son architecture des technologies National Instruments telles que LabVIEW Real-Time et LabVIEW FPGA permettant la conception, la programmation et la personnalisation du système embarqué CompactRIO grâce à la programmation graphique LabVIEW.

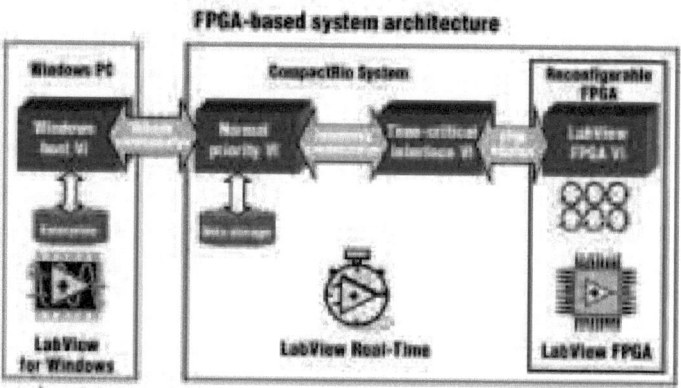

Figure 2.13 - Les différents étages du NI CompactRIO

Les modules d'E/S sont directement connectés au FPGA, afin de personnaliser le bas niveau pour le cadencement et le traitement des signaux d'E/S. Le FPGA est connecté au processeur temps réel embarqué à travers un bus PCI de haute vitesse. Le processeur embarqué est destiné pour l'analyse, le post-traitement, l'enregistrement des données et des communications embarqués avec un ordinateur hôte connecté en réseau.

2.5.3 Implémentation de l'algorithme SPA sous sbRIO

Notre but dans ce projet est de réaliser un système de suivi solaire autonome c'est-à-dire de réaliser une application embarquée qui fait traiter des informations et de donner des ordres de commande pour faire tourner les axes des miroirs du Réflecteur Linéaire de Fresnel de façon à concentrer la lumière dans l'absorbeur de ce système. Pour cela une implémentation de l'algorithme SPA est indispensable pour savoir la position du soleil dans le ciel et de déterminer par la suite la direction des rayons solaires.

Pour faire cette implémentation il faut suivre deux étapes :

- Nous implémentons l'algorithme SPA avec LabVIEW sous Windows puis nous compilons cet algorithme sous sbRIO ou cRIO à travers le câble Ethernet (voir paragraphe 2.4.3.1).
- Nous réalisons une application de démarrage qui utilise l'algorithme SPA compilé sous sbRIO ou cRIO, c'est-à-dire l'algorithme SPA s'exécute toute les fois où le cible numérique (sbRIO ou cRIO) est mis sous tension. Ceci est réalisé pour éviter la recompilation de l'algorithme sous Windows et par la suite de produire une application embarquée qui calcule la position du soleil en temps réel (voir paragraphe 2.4.3.2).

2.5.3.1 Implémentation avec connexion Ethernet

Utilisant la bibliothèque LabVIEW relative à SPA (voir la méthode de la création de cette bibliothèque dans le paragraphe Utilité de l'algorithme « SPA » (le numéro du prag à mettre)), on a trouvé un problème lors de la compilation de la bibliothèque sous sbRIO. En effet, sbRIO-9636 et cRIO -9014 sont accompagnés par un système d'exploitation temps réel appelé VxWorks, mais ce RTOS (Real Time Operating System) ne reconnait pas les fichiers d'extension *.dll mais manipule plutôt des fichiers d'extension *.out. Pour ce cas, on a choisit de réécrire le code C de l'algorithme **SPA** en LabVIEW.

En raison de la complexité de l'algorithme de la position du soleil en temps réel, quelques exemples sont inclus dans l'appendice du rapport **SPA** pour que les utilisateurs de cet algorithme s'assurent de ses résultats dans leurs démarches de calcul de la position solaire. Ainsi, grâce à ces exemples on a réussi à valider nos résultats de calcul.

La figure ci-dessous montre la validation du calcul de l'algorithme SPA en affichant l'azimut et l'hauteur du soleil sur l'afficheur LCD du sbRIO-9636.

Figure2.14 - Affichage de validation sur LCD avec connexion Ethernet

2.5.3.2 Implémentation à distance de l'algorithme avec validation

Sous LabVIEW, il est possible de configurer les VIs qui s'exécutent lors du démarrage du contrôleur temps-réel (dans notre cas c'est le processeur temps réel du sbRIO ou du cRIO) sans avoir être compilés. Ainsi, on a implémenté le VI de validation de l'algorithme SPA comme un VI de démarrage afin de réaliser une application embarquée calculant la position du soleil et s'exécutant dans un kit temps réel d'une manière permanente. Donc, on a réalisé un système embarqué qui calcule la position du soleil sans être connecté au PC (Notons que l'alimentation du kit est indispensable pour le démarrage du kit).

Pour valider le travail, on a réalisé un autre VI de démarrage qui affiche la hauteur et l'azimut du soleil sur l'afficheur LCD du sbRIO-9636.

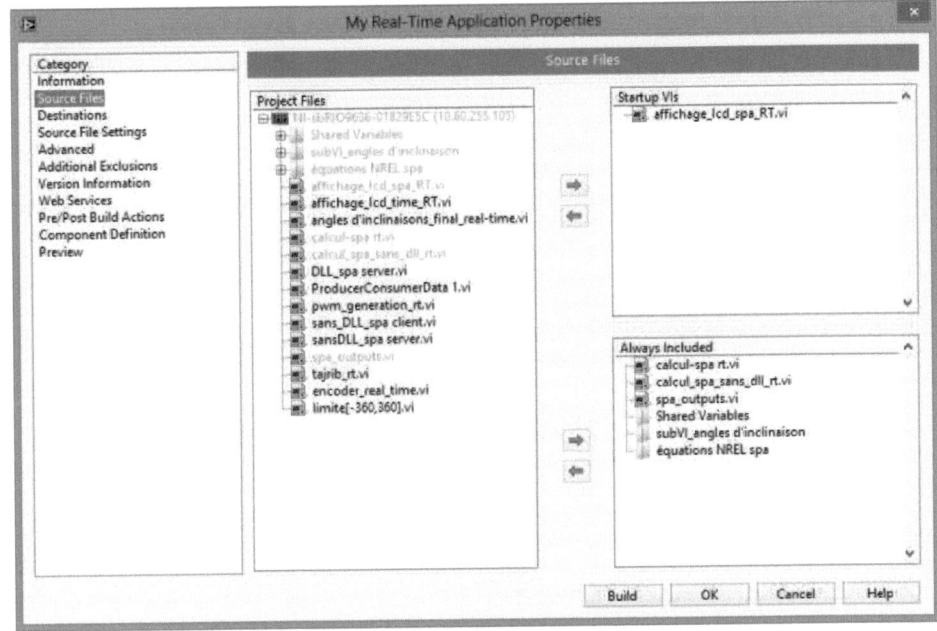

Figure 2.15 - Réalisation du VI de démarrage

Figure 2.16 - Affichage de validation sur LCD sans connexion Ethernet

2.5.3.3 Implémentation à distance avec une communication client-serveur

Selon le cahier des charges de notre projet, on effectuera une communication client-serveur à travers le protocole TCP/IP du réseau local de l'ENIT.

2.5.3.3.1 Introduction à la communication client-serveur

La communication client-serveur est établie entre des programmes ou des logiciels à travers un réseau. Le rôle d'un client est d'envoyer des requêtes à un ou plusieurs serveurs. Le serveur attend les requêtes envoyées par des clients et y répond. Ainsi, d'une manière générale, le client est un ordinateur dans lequel un logiciel client qui s'exécute et le serveur est un ordinateur comportant un logiciel serveur qui s'exécute.

En fonction des besoins des utilisateurs, il existe plusieurs logiciels serveurs et logiciels clients tels que :

— Un **serveur web** fait la publication des pages web qui sont exigées par certains **navigateurs web**.
— **Clients de messagerie** reçoivent des mails envoyés par l'un des **serveurs de messagerie électronique**.

Les processus des clients et des serveurs ne sont pas identiques, mais ils forment plutôt un système d'échange de données. En effet, quatre étapes traduisent les étapes de ce système coopératif :

— Initiation de l'échange établie par le client.
— Le serveur est en attente d'une requête éventuelle, à travers un ou plusieurs ports réseaux, envoyée par le client.
— Le serveur effectue un traitement et rend le service au client.
— Le client reçoit les résultats finaux trouvés par le serveur.

2.5.3.3.2 Utilité de la communication client-serveur dans le RLF et sa réalisation

Pour le RLF, le programme LabVIEW du client est implémenté sous Windows. Le client est désigné pour l'affichage de toutes les données nécessaires pour la position du soleil et la réception des données à partir de l'application serveur. Cependant, le programme LabVIEW du serveur est implémenté sous sbRIO (ou cRIO) afin de générer l'algorithme SPA, calculer les angles d'inclinaison du RLF et commander les MAS de ce système.

a) Partie Client

La figure 2.17 montre la face-avant du VI LabVIEW de la partie client qui est désignée pour l'affichage des données nécessaires qui sont envoyées par le serveur.

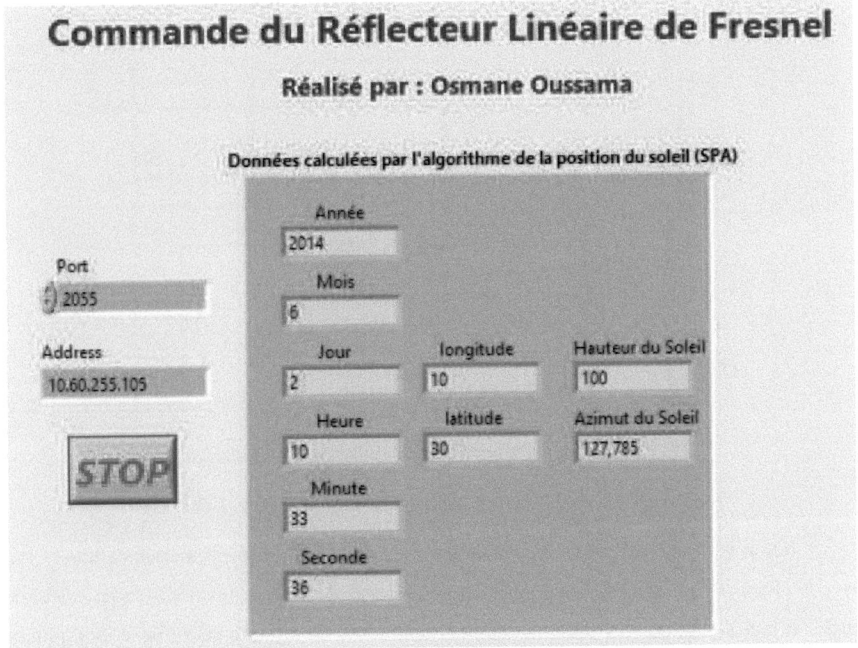

Figure2.17 : Face avant LabVIEW de la partie client

b) Partie serveur

Pour la partie serveur on a utilisé le modèle producteur-consommateur (voir Annexe). La raison d'utiliser cette approche est de réussir à commander les moteurs asynchrones d'une manière consécutive. En effet, ce modèle est basé sur une structure de données appelée file (queue en anglais) qui utilise, en informatique, le principe du premier entré, premier sorti. C'est-à-dire que les premières données traitées par le producteur seront les premières à être récupérées par le consommateur.

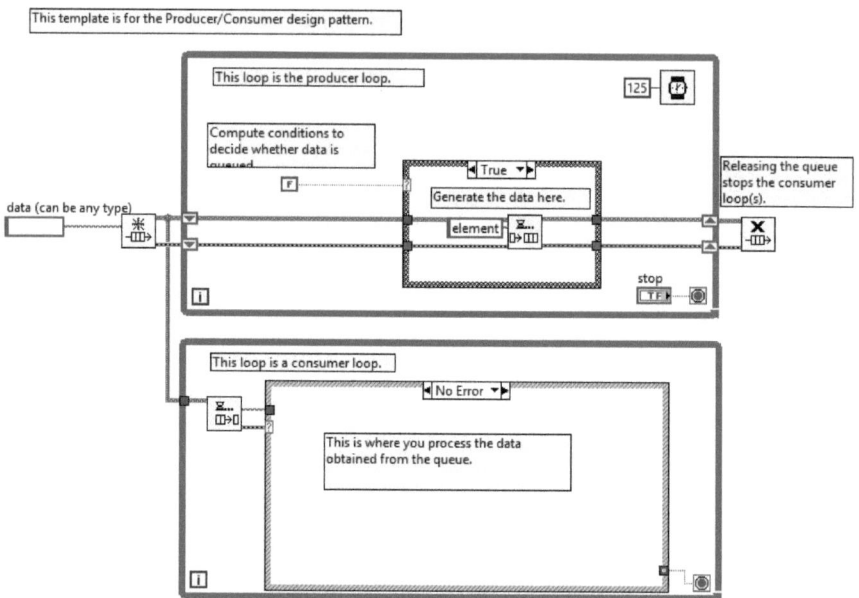

Figure 2.18 – modèle producteur-consommateur sous LabVIEW

Selon ce modèle, le rôle du producteur consiste à établir une communication TCP/IP avec le client (PC) et générer les données nécessaires (calcul de la position solaire, calcul des angles d'inclinaison du RLF) selon certaines conditions. En effet, le calcul ne se fait qu'entre le lever du soleil et le coucher du soleil et l'écart entre l'angle actuel (angle de référence) et l'angle calculé doit être plus grand que la résolution du codeur incrémental.

En plus, le consommateur est désigné pour la récupération des angles d'inclinaison un à un grâce au principe de la file d'attente. Ainsi, selon l'angle d'inclinaison du $i^{ème}$ miroir du RLF qui sera récupéré le premier, le consommateur réalise la commande du $i^{ème}$ moteur.

L'organigramme ci-dessous résume l'utilité de l'approche producteur-consommateur dans la commande des RLF.

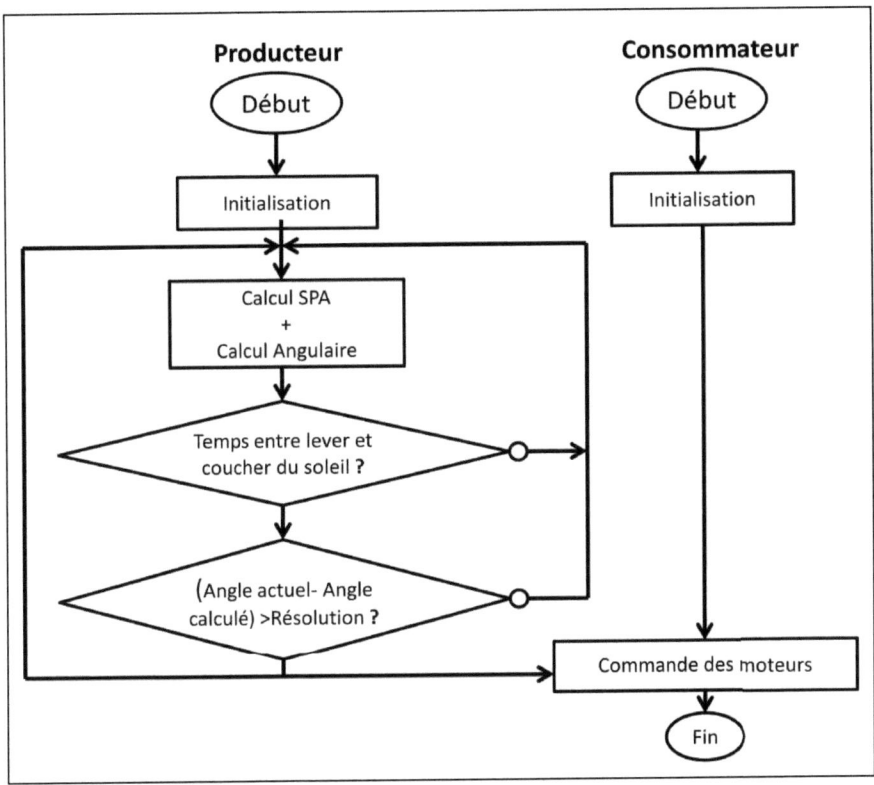

Figure 2.19 – Organigramme Producteur - Consommateur

2.5.4 Commande des motoréducteurs du RLF à travers les codeurs incrémentaux

La Figure 2.20 montre notre principe de commande d'un moteur asynchrone. En effet, le premier essai de la communication TCP/IP est réalisé avec un câble Ethernet. Mais la validation de cette communication sera sans aucune connexion comme on a déjà expliqué dans le paragraphe.. (Implémentation à distance).

Le bloc NI sbRIO/ NI cRIO traduit soit :

— L'utilisation du contrôleur sbRIO-9636 avec une carte TTL 3,3V-24V pour adapter les sorties numériques ayant une tension de 3,3V aux entrées numériques de commande du l'onduleur VLT® Micro Drive FC 51 qui ont une tension égale à 24V.
— L'utilisation du cRIO-9014 pour commander directement l'onduleur car le châssis de ce contrôleur ayant une plage de tension d'entrée comprise entre 6V et 35V. Ainsi, vu les performances d'adaptation de ce contrôleur dans les milieux industriels (voir paragraphe..), l'entreprise AES a proposé de commander les moteurs avec ce contrôleur.

Aussi, le codeur incrémental est désigné pour calculer l'angle de rotation actuel de la machine asynchrone afin de suivre sa commande en temps réel.

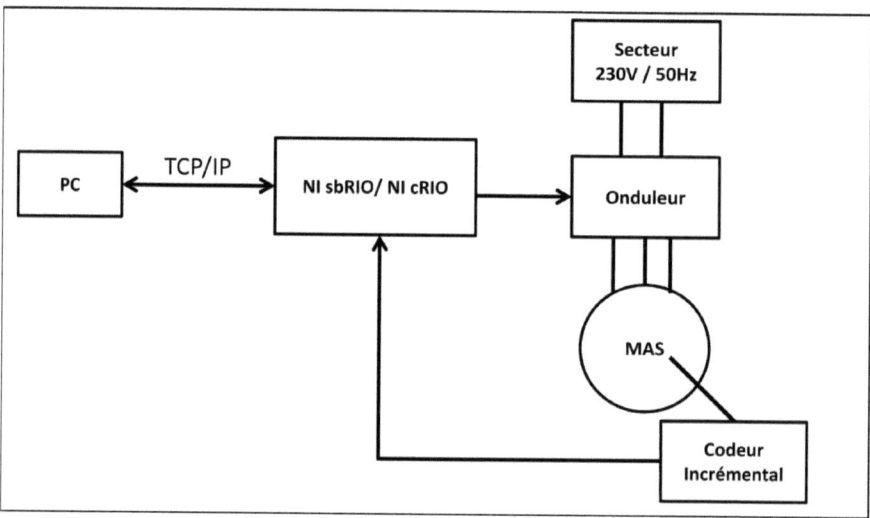

Figure 2.20 – Schéma de commande du moteur

2.5.4.1 Fonctionnement et utilité du codeur incrémental dans la détermination des angles de rotation des miroirs du RLF

Le codeur incrémental est un capteur électromécanique, il est désigné pour déterminer, dans un mobile, l'une des informations suivantes :

- La position angulaire.
- Le sens de rotation.
- La vitesse.

Le codeur incrémental comprend un disque qui contient deux pistes :

— Une piste extérieure qui comporte 2 voies A et B (ou bien une seule voie A). Chaque voie contient « n » parties opaques et transparentes qui sont distribuées d'une façon alternative le long du contour du disque ; « n » c'est le nombre d'impulsions par tour qui seront délivrées par le codeur comme étant deux signaux carrés A et B en quadrature de phase. « n » s'appelle la résolution du codeur incrémental.

— Une piste intérieure, contenant une seule fenêtre transparente, délivre un seul signal Z par tour qui s'appelle « top zéro ». Ce signal dure 90° électrique, son rôle est de localiser une position de référence et de faire une réinitialisation à chaque tour.

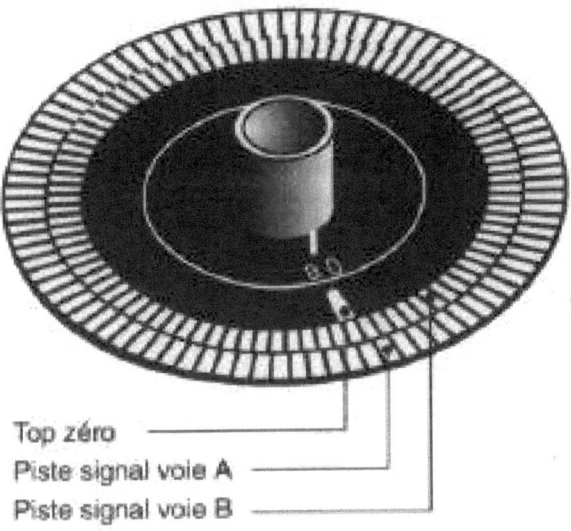

Figure 2.21 – les pistes du codeur incrémental

Plus précisément, le codeur incrémental rotatif est basé sur le principe d'émission-réception de la lumière infrarouge. En effet, un faisceau lumineux émis par des diodes électroluminescentes est interrompu n fois en passant par les parties opaques du disque pour délivrer par la suite, sur les photodiodes réceptrices, deux signaux carrés A et B de n périodes par tour.

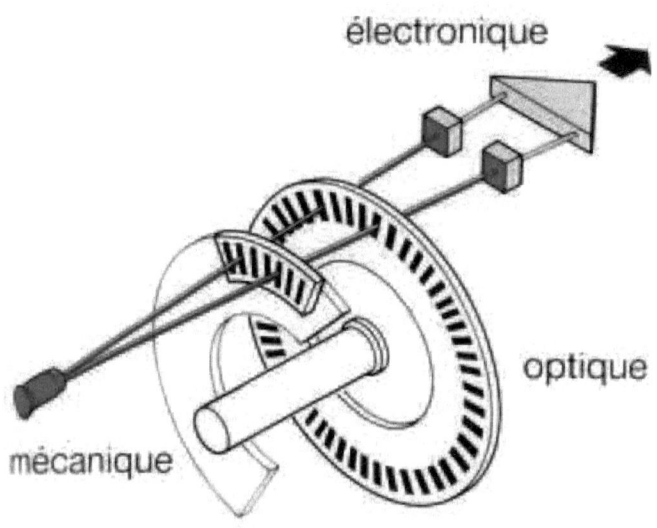

Figure 2.22 – Les parties mécanique, optique et électronique du codeur incrémental

Le déphasage en quadrature entre A et B permet de déterminer le sens de rotation d'un moteur. En effet, dans le premier sens, le signal A est en quadrature avance de phase par rapport au signal B et vice versa.

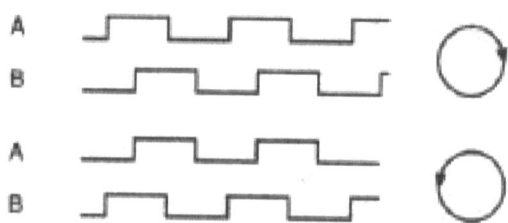

Figure 2.23 – sens de rotation du codeur selon le déphasage des deux pistes A et B

Dans notre cas, nous sommes intéressés à déterminer la position de l'angle de rotation du moteur asynchrone par rapport à un angle de référence pour déterminer par la suite l'angle d'inclinaison du miroir correspondant. Pour cela, l'axe du codeur doit être lié mécaniquement à l'arbre du moteur asynchrone.

L'unité de la résolution d'un codeur incrémental « n » est le PPR abréviation de « Pulse Per Revolution » c'est-à-dire le nombre d'impulsions qui sont générées par le codeur en un tour complet du disque. L'équation suivante est utilisée pour passer à calculer la résolution du codeur incrémental en degré :

$$n\ [°] = \frac{360}{n[PPR]}$$

Le codeur incrémental du contrôleur sbRIO-9636 qui est utilisé pour la simulation est de résolution 24PPR ou 15°. Etant donné que le type de codage du codeur est par défaut « X1 », nous pouvons ainsi améliorer la résolution en degré en passant au type « X2 » ou au type « X4 » c'est-à-dire en divisant respectivement la résolution en degré par 2 ou par 4. Ainsi, nous avons comme résolution en degré :

— 7.5° pour « X2 »
— 3.75° pour « X4 »

Pour calculer la position de rotation du moteur asynchrone nous procédons d'utiliser l'équation suivante :

$$\text{Position } [°] = \frac{Compteur}{xN} \cdot 360°$$

Où :

- Compteur passe de 0 à 24 en incrémentant de 1 à chaque impulsion.
- x est le type de codage.
- N est la résolution en PPR.

Cependant, la résolution du codeur pour la validation est de 64PPR. Ainsi, nous procédons de faire les mêmes calculs juste en changeant la valeur du paramètre de la résolution de 24PPR en 64PPR.

2.5.4.2 Commande du moteur asynchrone en procédant une simulation avec le codeur incrémental intégré sous sbRIO-9636

L'essai à table est réalisé en utilisant la carte sbRIO-9636 (1) raccordée, d'une côté, au PC (2) avec un câble Ethernet et de l'autre côté à l'étage de puissance (3).

La commande numérique du moteur asynchrone (4) est réalisé à travers l'onduleur VLT® Micro Drive FC 51 (5). Cet onduleur contient deux bits de commande, le bit « SET » fait tourner le moteur dans le premier sens s'il est égal à 1 et les deux bits « SET » et « REVERSE » lui fait tourner dans le sens inverse s'ils sont égaux à 1.

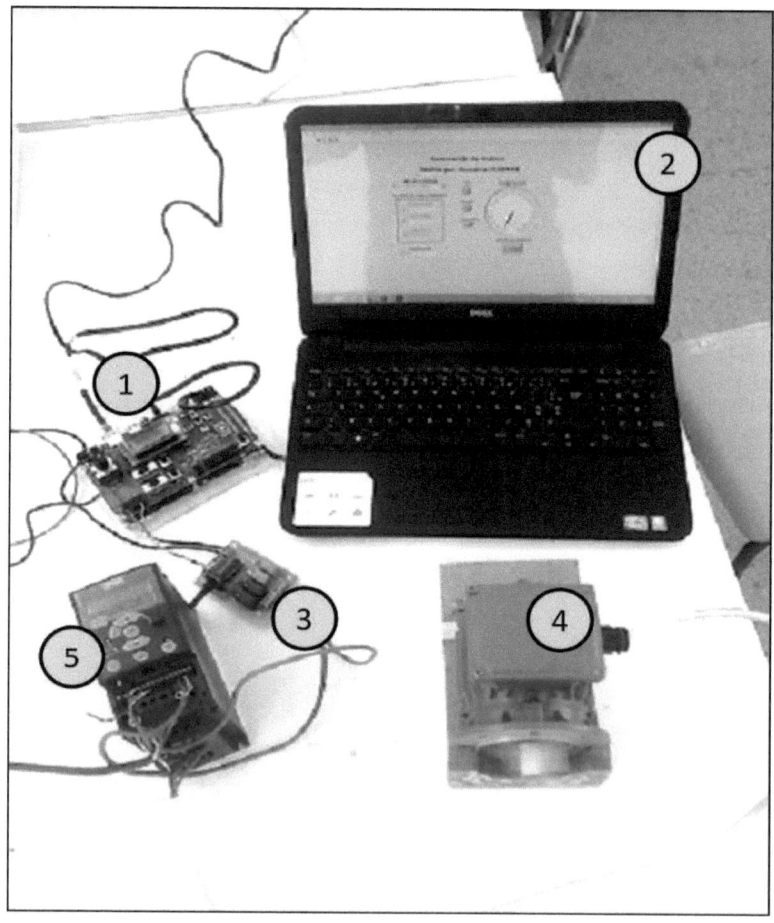

Figure 2.24 – Essai au laboratoire

Pour notre cas nous comparons l'angle actuel du moteur asynchrone qui est trouvé par le codeur incrémental du sbRIO avec l'angle de référence qui est l'angle de consigne calculé par les deux sous programmes SPA et Calcul des Angles d'Inclinaison pour commander par la suite le moteur à travers les deux bits « SET » et « REVERSE ». En effet, si l'angle actuel est supérieur à l'angle de référence le bit « SET » est seulement égal à 1, sinon les deux bits « SET » et « REVERSE » sont égaux à 1.

La figure 2.25 montre le VI de commande du moteur.

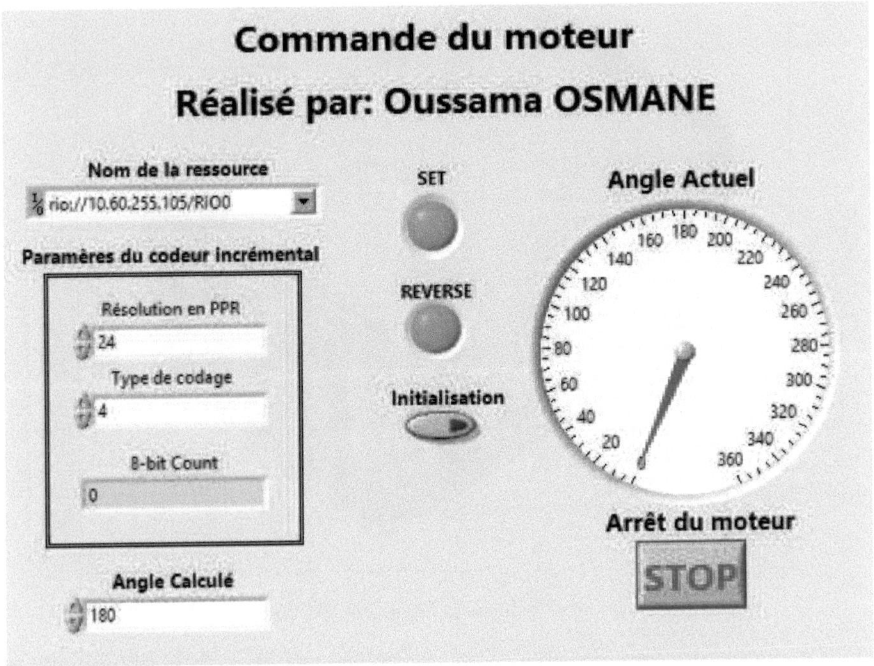

Figure 2.25 – face-avant de la commande du moteur

2.6 Perspectives

Au niveau du codeur incrémental, il se présente plusieurs inconvénients tels que :

— La sensibilité aux coupures du courant : perte de la position de la coupure donc il faut réinitialiser le système avec le signal Z.

— La sensibilité aux parasites : un parasite peut être compté comme une impulsion.

— A et B peuvent avoir des fréquences élevées donc il faut fournir un système de traitement assez rapide pour éviter la création des erreurs.

Ainsi, pour éviter ces inconvénients, nous avons proposé d'utiliser le capteur d'inclinaison intelligent INY360D-F99-B16-V15. En outre, ce capteur peut détecter l'inclinaison du miroir sans être lié mécaniquement à l'arbre du moteur comme le cas du codeur incrémental, il suffit de l'installer parallèlement au miroir.

Figure 2.26 - capteur d'inclinaison intelligent INY360D-F99-B16-V15

Ce capteur comporte, comme le codeur incrémental, une plage de mesure entre 0° et 360°. Mais, il a une résistance élevée aux chocs, une gamme de température étendue de -40 à +85°C, une interface CANopen et sa meilleur immunité est de 100V/m.

Pour le contrôle optique rapide, le détecteur d'inclinaison de ce capteur est équipé de 3 LED d'affichage :

— La LED verte « power » est désigné pour l'affichage de l'état d'alimentation.

— La LED jaune « run » est désigné pour l'affichage de l'état du bus et du détecteur.

— La LED rouge « err » est utilisé pour l'affichage des défauts.

2.7 Conclusion

Ce chapitre détaille tout d'abord les étapes de calcul et d'implémentation des angles d'inclinaison des miroirs du réflecteur linéaire de Fresnel sous sbRIO. Ensuite, il présente notre principe de commande du moteur asynchrone en utilisant l'un des angles d'inclinaison des miroirs du RLF et l'angle actuel du moteur calculé par le capteur d'inclinaison (le codeur incrémental ou le capteur d'inclinaison INY360D-F99-B16-V15) comme étant des consignes.

Ce principe devrait être généralisé pour contrôler les 11 moteurs asynchrones à travers un système de démultiplexage de 3 entrées u, v et w (u, v et w sont les sorties de l'onduleur qui sont désignées pour la commande numérique d'un moteur) et 33 sorties (11 sorties du triplet (u, v, w) pour la commande des 11 moteurs).

Conclusion générale

Dans le cadre de remplacer les énergies fossiles par les énergies renouvelables. Pour cela, notre étude consiste à concevoir un système de suivi solaire pour le réflecteur linéaire de Fresnel qui utilise, comme étant une source d'énergie renouvelable, l'énergie solaire concentrée.

Ainsi nous avons partagé notre travail en trois étapes principales :

— L'étude de la technologie solaire concentrée et tous les concentrateurs qui utilisent cette technologie, en particulier le réflecteur linéaire de Fresnel.

— La conception d'un système de suivi solaire pour le réflecteur linéaire de Fresnel.

— La réalisation d'un système de suivi solaire pour le réflecteur linéaire de Fresnel.

Après l'achèvement de notre but dans ce projet (réalisation d'un système de suivi solaire en utilisant le NI CompactRIO/ NI SingleBoardRIO), nous avons proposé d'utiliser le capteur d'inclinaison intelligent INY360D-F99-B16-V15 pour le système de suivi solaire afin de réaliser un suivi précis et de trouver des résultats plus efficaces.

Bibliographie

[1] I. REDA, et A. Andreas. Solar Position Algorithm for Solar Radiation Applications : National Renewable Energy Laboratory, USA, Janvier 2008.

[2] L. CHIA-YEN. Sun Tracking Systems: A Review. *Sensors,* vol. 9, no. 5, pages 3875-3890, 2009.

[3] S. MIHOUB. Commande d'héliostat plan réfléchissant le rayonnement solaire vers une cible. PhD memory, Université Abou-Bakr BELKAID Tlemcen : Faculté des sciences, Décembre 2010.

[4] M.L.DEROUICHE. Conception et réalisation d'un capteur solaire à concentration de type FRESNEL : Mise au point d'un système de suivi solaire. Master memory, Ecole Nationale d'Ingénieurs de Tunis, Novembre 2013.

[5] Q. LIU, V. BOURDIN, P. HOANG, G. CARUSO, and V. ARCHAMBAULT. Coupling optical and thermal models to accurately predict PV panel electricity production. Photovoltaic technical conference - Thin Film & Advanced Silicon Solutions, 22th to 24th of May 2013, Aix-en-Provence.

[6] J. A. Duffie and W. A. Beckman. Solar Energy Thermal Processes. John Wiley and Sons, 1974.

[7] A. BERCHIDE. Etude et expérimentation d'un chauffe-eau solaire de type capteur-stockeur. Master memory, Université Abou-Bakr Belkaid Tlemcen : Faculté des sciences, Juillet 2011.

[8] S. QUOILIN. Les centrales solaires à concentration. PhD memory, Université de Liège : Faculté des sciences appliquées, Mai 2007.

[9] L. VANT-HULL. Computing the solar vector. Solar energy vol. 70, No. 5, pages 431-441, 2001.

[10] J. Meeus. Astronomical algorithms. Willmann Bell, Richmond, Virginia 23235, 1991.

[11] L. VANT-HULL. Compact linear Fresnel reflector solar thermal powerplants. Solar energy vol. 68, No. 3, pages 263-283, 2000.

Annexe 1

Calcul de la déclinaison de la terre

On appelle la déclinaison terrestre l'angle entre l'axe de rotation de la terre et la normale au plan de l'écliptique, ou aussi l'angle entre la direction soleil-terre et le plan de l'équateur terrestre.

On peut calculer la déclinaison de deux manières différentes :

1ère méthode (pour une faible précision)

$$\delta = 23.45 \sin\left(\frac{360}{365}(n+284)\right)$$

Avec n est le quantième de l'année ou appelé aussi le rang du jour de l'année. En effet, pour n=1 la déclinaison est calculée au 1er janvier, pour n=365 elle est déterminée pour le 31 décembre.

Remarque : Le terme $\frac{360}{365}$ fait équilibrer la rotation de la terre 360° en 365 jours.

2ème méthode (pour une meilleure précision)

$$\delta = 23.45 \sin JD$$

Avec $JD = JD_0 + \frac{360}{2\pi}(0.007133.\sin JD_0 + 0.03268.\cos JD_0 - 0.000318.\sin 2JD_0 + 0.000145.\cos 2JD_0)$

$JD_0 = (n-81)\frac{360}{365}$ en degrés

La figure ci-dessous présente la variation de JD en fonction des mois de l'année (JD est pratiquement constante au cours d'une journée).

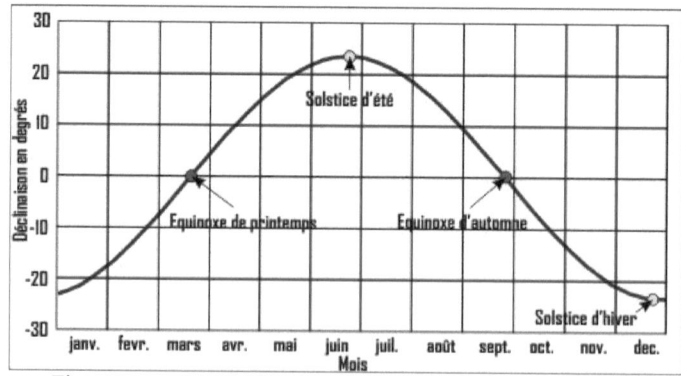

Figure .. - Déclinaison terrestre en fonction des mois de l'année

Annexe 2
Passage d'un système de coordonnées célestes à un autre

Coordonnées Horizontales → Coordonnées Horaires → Coordonnées Equatoriales

- $\sin \delta = \sin \varphi \cdot \cos z - \cos \varphi \cdot \sin z \cdot \cos \alpha$
- $\cos \delta \cdot \sin H = \sin z \cdot \sin \alpha$
- $\cos \delta \cdot \cos H = \cos \varphi \cdot \cos z + \sin \varphi \cdot \sin z \cdot \cos \alpha$
- $\alpha = T - H$

Coordonnées Equatoriales → Coordonnées Horaires → Coordonnées Horizontales

- $H = T - \alpha$
- $\cos z = \sin \varphi \cdot \sin \delta + \cos \varphi \cdot \cos \delta \cdot \cos H$
- $\sin z \cdot \sin \alpha = \cos \delta \cdot \sin H$
- $\sin z \cdot \cos \alpha = -\cos \varphi \cdot \sin \delta + \sin \varphi \cdot \cos \delta \cdot \cos H$

Coordonnées Equatoriales → Coordonnées Ecliptiques

- $\sin b = \cos \varepsilon \cdot \sin \delta - \sin \varepsilon \cdot \cos \delta \cdot \sin \alpha$
- $\cos b \cdot \cos l = \cos \delta \cdot \cos \alpha$
- $\cos b \cdot \sin l = \sin \varepsilon \cdot \sin \delta + \cos \varepsilon \cdot \cos \delta \cdot \sin \alpha$

Coordonnées Ecliptiques → Coordonnées Equatoriales

- $\sin \delta = \cos \varepsilon \cdot \sin b + \sin \varepsilon \cdot \cos b \sin l$
- $\cos \delta \cdot \cos \alpha = \cos b \cdot \cos l$
- $\cos \delta \cdot \sin \alpha = -\sin \varepsilon \cdot \sin b + \cos \varepsilon \cdot \cos b \cdot \sin l$

Annexe 3
Démarche de l'algorithme du positionnement solaire

NB : Nous avons gardé les mêmes symboles et les mêmes abréviations que le rapport SPA de NREL. Les symboles et les abréviations utilisés tout au long des deux chapitres du présent rapport ne seront pas respectés.

Avant d'entamer la procédure et la démarche de l'algorithme du positionnement solaire de NREL, nous présenterons les échelles de temps pris comme référence

3.1 Echelles de temps

- Le temps universel (UT), ou le temps de Greenwich, est basé sur la rotation de la Terre. Il est comptabilisé à partir de 0 heures (minuit), l'unité est le jour solaire moyen. Il est parfois noté UT1.
- Le temps atomique international (TAI), basé sur un grand nombre d'horloges atomiques, est une échelle de temps qui définie la seconde du système international.
- Le temps universel coordonné (UTC) est une échelle de temps comprise entre le TAI et l'UT. Il est maintenu à moins de 0,9 seconde par rapport à l'UT, ceci en ajoutant à chaque dépassement un cran d'une seconde à sa valeur (saut de cran).
- Le temps dynamique terrestre (TDT) ou le temps terrestre (TT) est l'échelle de temps d'éphémérides pour l'observation à partir de la surface de la terre.

Les équations suivantes décrivent la relation entre les échelles de temps ci-dessus (en secondes) :

$$TT = TAI + 32184 \tag{1}$$

$$UT = TT - \Delta T \tag{2}$$

Où ΔT est la différence entre le temps universel UT et le temps terrestre TT. Elle est déterminée à partir des observations signalées chaque année dans le « Astronomical Almanac ». Ce dernier est une publication annuelle de l'office Almanach nautique, Etats-Unis, sur les éphémérides précises du soleil, de la lune, des planètes et des satellites. Cette publication est le fruit de la coopération entre « United States Naval Observatory » (USNO), aux Etats-Unis, et « United Kingdom Hydrographic Office » (UKHO), au Royaume Unis.

$$UT = UT1 = UTC + \Delta UT1 \tag{3}$$

Où $\Delta UT1$ est une fraction de seconde, positive ou négative, qui est ajoutée à l'UTC pour supprimer l'écart (entre UTC et UT) dû à la rotation irrégulière de la terre. Cette correction faite suite à des valeurs mesurées ou prédites chaque semaine par le « U.S. Naval Observatory » (USNO).

3.2 Procédure

3.2.1 Calcul du jour Julien JD et du jour, siècle et millénaire Julien éphéméride

Le calendrier Julien commence le 1er Janvier de l'an – 4712 à 12 :00 :00 UT. Le jour Julien (JD) est calculé en utilisant UT et le jour Julien éphéméride (JDE) est calculé en utilisant TT. Dans les étapes suivantes, noter qu'il y a un écart de 10 jours entre le calendrier grégorien et julien où le calendrier julien se termine le 4 octobre 1582 (JD = 2299160), et au bout de 10 jours le calendrier grégorien commence le 15 octobre 1582.

3.2.1.1 Calcul du jour Julien

$$JD = INT (365,25 * (Y + 4716)) + INT (30,6001 * (M + 1)) + D + B - 1524,5 \tag{4}$$

Où,

— INT : est la partie entière des termes calculés (par exemple 8,7 = 8).

— Y : est l'année (par exemple 2001, 2002,.. etc.).

— M : est le mois de l'année (par exemple 1 pour Janvier…). Si M > 2, alors Y et M restent inchangés. Cependant, si M = 1 ou 2, alors Y= Y – 1 et M = M + 12.

— D : est le jour du mois exprimé en jour fractionné (par exemple, pour la deuxième journée du mois à 12 :30 :30 UT, D = 2,521180556).

— B : est égale à 0, pour le calendrier Julien (pour B = 0 dans l'équation 4, JD < 2299160),

ou à (2 - A + INT (A / 4)) pour le calendrier grégorien (en utilisant B = 0 dans l'équation 4, JD > 2299160).

Où A = INT (Y / 100).

Pour utiliser leur heure locale au lieu de l'UT, il faut changer le fuseau horaire en une fraction d'un jour (en le divisant par 24), puis soustraire le résultat de JD. Il est à noter que la fraction est soustraite de JD calculé avant le test B < 2299160 pour maintenir les périodes Juliens et grégoriens.

3.2.1.2 Calcul du jour Julien éphéméride (JDE)

$$JDE = JD + \frac{\Delta T}{86400} \tag{5}$$

3.2.1.3 Calcul du Siècle Julien (JC) et du Siècle Julien éphéméride (JCE)

$$JC = \frac{JD - 2451545}{36525} \tag{6}$$

$$JCE = \frac{JDE - 2451545}{36525} \tag{7}$$

3.2.1.4 Calcul du Millénaire Julienne éphéméride (JME)

$$JME = \frac{JCE}{10} \tag{8}$$

3.2.2 Calcul de la longitude et la latitude héliocentrique de la terre et les vecteurs rayons L, B et R

« Héliocentrique » signifie que la position de la terre est calculée par rapport au centre du soleil.

3.2.2.1 Calcul du terme $L0_i$ (en radians) pour chaque ligne du tableau 3.3.1

$$L0_i = A_i * \cos(B_i + C_i * JME) \tag{9}$$

Où,

— i : est la i ème ligne pour le terme L0 dans le tableau 3.3.1

— A_i, B_i et C_i : sont les valeurs de la i ème ligne des colonnes A, B et C du tableau 3.3.1, pour le terme L0 (en radians).

3.2.2.2 Calcul du terme L0 (en radians)

$$L0 = \sum_{i=0}^{n} L0_i \tag{10}$$

Où n est le nombre de lignes du tableau 3.3.1 pour chaque terme L0.

3.2.2.3 Calcul des termes L1, L2, L3, L4 et L5 en utilisant les équations 9 et 10 tout en changeant l'indice 0 en 1, 2, 3, 4 et 5 et leurs valeurs correspondantes dans les colonnes A, B et C du tableau 3.3.1 (en radians).

3.2.2.4 Calcul de la longitude héliocentrique L (en radians)

$$L = \frac{L0 + L1*JME + L2*JME^2 + L3*JME^3 + L4*JME^4 + L5*JME^5}{10^8} \quad (11)$$

3.2.2.7 Calcul de L en degrés

$$L \text{ (en degrés)} = \frac{L(en\_radians)*180}{\pi} \quad (12)$$

3.2.2.6 Limiter L à l'intervalle [0°,360°]

Cela peut être réalisé en divisant L par 360 et en gardant la fraction décimale comme étant F. Si L est positif, alors la limiter à L = 360 * F. Si L est négatif, lors la limiter à L = 360 − 360 * F.

3.2.2.7 Calcul de la latitude héliocentrique de la terre, B (en degrés)

En utilisant le tableau 3.3.1 et les étapes à partir de 3.2.2.1 jusqu'à 3.2.2.5, tout en remplaçant les Ls par les Bs dans toute les équations. Noter qu'il n'y a pas de B2, B3, B4 et B5, par conséquent, il faut les remplacer par un zéro dans les étapes 3.2.2.3 et 3.2.2.4.

3.2.2.8 Calcul du vecteur rayon de la terre, R (en unité astronomique, UA)

En répétant l'étape 3.2.2.7 et en remplaçant tout Ls par Rs dans toutes les équations.

Comme il n'y a pas de R5, par conséquent, il faut le remplacer par un zéro dans les étapes 3.2.2.3 et 3.2.2.4.

3.2.3 Calcul de la longitude et de la latitude géocentrique (θ et β)

« Géocentrique » signifie que la position du soleil est calculée par rapport au centre de la terre.

3.2.3.1 Calcul de la longitude géocentrique θ (en degrés)

$$\theta = L + 180 \quad (13)$$

3.2.3.2 Limiter θ entre 0° et 360° en utilisant la méthode décrite à l'étape 3.2.2.6

3.2.3.3 Calcul de la latitude géocentrique β (en degrés)

$$\beta = -B \tag{14}$$

3.2.4 Calcul de la déviation en longitude et en obliquité ΔΨ et Δε

3.2.4.1 Calcul de l'éloignement moyen de la lune par rapport au soleil X_0 (en degrés)

$$X_0 = 297,85036 + 445267,111480 * JCE - 0,0019142 * JCE^2 + \frac{JCE^3}{189474} \tag{15}$$

3.2.4.2 Calcul de l'anomalie moyenne du soleil (terre) X_1 (en degrés)

$$X_1 = 357,52772 + 35999,050340 * JCE - 0,0001603 * JCE^2 + \frac{JCE^3}{300000} \tag{16}$$

3.2.4.3 Calcul de l'anomalie moyenne de la lune X_2 (en degrés)

$$X_2 = 134,96298 + 477198,867398 * JCE - 0,0086972 * JCE^2 + \frac{JCE^3}{56250} \tag{17}$$

3.2.4.4 Calcul de l'argument de la latitude de la lune X_3 (en degrés)

$$X_3 = 93,27191 + 483202,017538 * JCE - 0,0036825 * JCE^2 + \frac{JCE^3}{327270} \tag{18}$$

3.2.4.5 Calcul de la longitude du nœud ascendant de l'orbite moyen de la lune sur l'écliptique, mesurée à partir de la date de l'équinoxe moyen X_4 (en degrés)

$$X_4 = 125,04452 - 1934,136261 * JCE - 0,0020708 * JCE^2 + \frac{JCE^3}{450000} \tag{19}$$

3.2.4.6 Calcul des termes $\Delta\Psi_i$ et $\Delta\varepsilon_i$ (en 0,0001 arc secondes) pour chaque ligne du tableau 3.3.3

$$\Delta\Psi_i = (a_i + b_i * JCE) * \sin\left(\sum_{j=0}^{4} X_j * Y_{i,j}\right) \tag{20}$$

$$\Delta\varepsilon_i = (c_i + d_i * JCE) * \cos\left(\sum_{j=0}^{4} X_j * Y_{i,j}\right) \tag{21}$$

Avec :

— a_i, b_i, c_i et d_i sont les valeurs figurant dans la i ème ligne du tableau 3.3.3 et a, b, c et d sont les colonnes du même tableau.

— X_j est le j ème X calculé en utilisant les équations 15 et 19.

— $Y_{i,j}$ est la valeur indiquée dans la i ème ligne et la j ème colonne du tableau 3.3.3

3.2.4.7 Calcul de la déviation en longitude $\Delta\Psi$ (en degrés)

$$\Delta\Psi = \frac{\sum_{i=0}^{n}\Delta\Psi_i}{36000000} \tag{22}$$

Où n est le nombre de lignes dans le tableau 3.3.2 (n égale à 63 lignes dans le tableau).

3.2.4.8 Calcul de la déviation en obliquité $\Delta\varepsilon$ (en degrés)

$$\Delta\varepsilon = \frac{\sum_{i=0}^{n}\Delta\varepsilon_i}{36000000} \tag{23}$$

3.2.5 Calcul de l'obliquité réelle de l'écliptique ε (en degrés)

3.2.5.1 Calcul de l'obliquité moyenne de l'écliptique ε_0 (en arc secondes)

$\varepsilon_0 = 84381,448 - 4680,93\ U - 1,55\ U^2 + 1999,25\ U^3 - 51,38\ U^4 - 249,67\ U^5 - 39,05\ U^6 - 7,12\ U^7 - 27,87\ U^8 - 5,79\ U^9 - 2,45\ U^{10}$ \hfill (24)

Avec : $U = \dfrac{JME}{10}$

3.2.5.2 Calcul de l'obliquité réelle de l'écliptique ε (en degrés)

$$\varepsilon = \frac{\varepsilon_0}{3600} + \Delta\varepsilon \tag{25}$$

3.2.6 Calcul de déviation de correction $\Delta\tau$ (en degrés)

$$\Delta\tau = \frac{20,4898}{3600*R} \tag{26}$$

3.2.7 Calcul de la longitude apparente du soleil λ (en degrés)

$$\lambda = \theta + \Delta\Psi + \Delta\tau \tag{27}$$

3.2.8 Calcul du temps sidéral apparent de Greenwich pour un moment donnée V (en degrés)

3.2.8.1 Calcul du temps sidéral moyen de Greenwich V_0 (en degrés)

$$V_0 = 280,46061837 + 360,9856473 * (JD - 2451545) + 0,000387933 * JC^2 - \frac{JC^3}{38710000} \tag{28}$$

3.2.8.2 Limiter V_0 entre 0° et 360°, comme décrit dans l'étape 3.2.2.6

3.2.8.3 Calcul du temps sidéral apparent de Greenwich V (en degrés)

$$V = V_0 + \Delta\Psi * \cos(\varepsilon) \qquad (29)$$

3.2.9 Calcul de l'ascension droite géométrique du soleil α (en degrés)

3.2.9.1 Calcul de l'ascension droite du soleil α (en radians)

$$\alpha = \text{Arctan2}\left(\frac{\sin\lambda * \cos\varepsilon - \tan\beta * \sin\varepsilon}{\cos\lambda}\right) \qquad (30)$$

Où Arctan2 est une fonction arctangente qui est appliquée sur le numérateur et le dénominateur (au lieu de la division réelle) pour maintenir α entre –π et π.

3.2.9.2 Calcul de α en degrés à l'aide de l'équation 12, puis le limiter entre 0° et 360° en utilisant la technique décrite à l'étape 3.2.2.6

3.2.10 Calcul de la déclinaison du soleil géocentrique δ (en degrés)

$$\delta = \text{Arcsin}(\sin\beta * \cos\varepsilon + \cos\beta * \sin\varepsilon * \sin\lambda) \qquad (31)$$

Où δ est positive ou négative si le soleil est, respectivement au nord ou au sud de l'équateur céleste. Puis changer δ en degrés en utilisant l'équation 12.

3.2.11 Calcul de l'angle horaire local d'observation H (en degrés)

$$H = V + \sigma - \alpha \qquad (32)$$

Où σ est la longitude géographique de l'observateur, positif ou négatif pour une position, respectivement, à l'est ou à l'ouest de Greenwich.

Limiter H entre 0° et 360° utilisant l'étape 3.2.2.6 et noter qu'il est mesuré, dans cet algorithme, à partir du sud allant vers l'ouest.

Calcul de l'ascension « topocentrique » droit du soleil α' (en degrés)

« Topocentrique » signifie que la position du soleil est calculée par rapport à la position locale d'observation à la surface de la terre.

Calcul de la parallaxe horizontale équatoriale du soleil ξ (en degrés)

$$\xi = \frac{8,794}{3600 * R} \qquad (33)$$

Où R a été calculé à l'étape 3.2.2.8

Calcul du terme U (en radians)

$$U = \text{Arctan}(0{,}99664719 * \tan \varphi) \tag{34}$$

Où φ est la latitude géographique de l'observateur, positive (négative) si on est au nord (sud) de l'équateur.

Notons que le nombre 0,99664719 est égale à $(1 - f)$, où f est l'aplatissement de la terre.

Calcul du terme intermédiaire x

$$x = \cos u + \frac{E}{6378140} * \cos \varphi \tag{35}$$

Avec E est l'élévation de l'observateur (en mètres). Notons que X est égal à $\rho * \cos \varphi'$ où ρ est la distance de l'observateur par rapport au centre de la terre, et φ' est la latitude géocentrique de l'observateur.

Calcul du terme intermédiaire y

$$y = 0{,}99664719 * \sin u + \frac{E}{6378140} * \sin \varphi \tag{36}$$

Notons que Y est égal à $\rho * \sin \varphi'$

Calcul de la parallaxe de l'ascension droite du soleil Δα (en degrés)

$$\Delta\alpha = \text{Arctan 2}\left(\frac{-x * \sin\xi * \sin H}{\cos\delta - x * \sin\xi * \cos H}\right) \tag{37}$$

Puis changer Δα en degrés en utilisant l'équation 12.

Calcul de l'ascension topocentrique droit du soleil α' (en degrés)

$$\alpha' = \alpha + \Delta\alpha \tag{38}$$

Calcul de la déclinaison topocentrique du soleil δ' (en degrés)

$$\delta' = \text{Arctan 2}\left(\frac{(\sin\delta - y * \sin\xi) * \cos\Delta\alpha}{\cos\delta - x * \sin\xi * \cos H}\right) \tag{39}$$

Calcul de l'angle de l'heure local topocentrique H' (en degrés)

$$H' = H - \Delta\alpha \tag{40}$$

Calcul du zénith topocentrique θ_Z (en degrés)

Calcul de la hauteur topocentrique sans correction de la réfraction atmosphérique e_0 (en degrés)

$$e_0 = \text{Arcsin} (\sin\varphi * \sin\delta' + \cos\varphi * \cos\delta' * \cos H') \quad (41)$$

Pour changer e_0 en degrés utiliser l'équation 12.

Calcul de la correction de la réfraction atmosphérique Δe (en degrés)

$$\Delta e = \frac{P}{1010} * \frac{283}{273+T} * \frac{1,02}{60*\tan(e_0 + \frac{10,3}{e_0+5,11})} \quad (42)$$

Où,

— P est la pression locale moyenne annuelle (en millibars)

— T est la température locale moyenne annuelle (en °C)

— e_0 est exprimé en degrés

Calcul de la hauteur topocentrique e (en degrés)

$$e = e_0 + \Delta e \quad (43)$$

Calcul du zénith topocentrique θ_Z (en degrés)

$$\theta_Z = 90 - e \quad (44)$$

Calcul de l'angle d'azimut topocentrique Φ (en degrés)

Calcul de l'azimut topocentrique atmosphérique angle Γ (en degrés)

$$\Gamma = \text{Arctan 2}\left(\frac{\sin H'}{\cos H'*\sin\phi - \tan\delta'*\cos\phi}\right) \quad (45)$$

Calcul de l'azimut topocentrique Φ (en degrés)

$$\Phi = \Gamma + 180 \quad (46)$$

Calcul de l'angle d'incidence pour une surface orientée dans n'importe quelle direction (en degrés)

$$I = \text{Arccos}(\cos\theta * \cos\omega + \sin\omega * \sin\theta * \cos(\Gamma - \gamma)) \quad (47)$$

Avec

— ω est la pente de la surface mesurée à partir du plan horizontal

— γ est l'angle de rotation azimutal de la surface

3.3 Tableaux de calcul

3.3.1 Les termes périodiques terrestres

Term	Row Number	A	B	C
L0	0	175347046	0	0
	1	3341656	4.6692568	6283.07585
	2	34894	4.6261	12566.1517
	3	3497	2.7441	5753.3849
	4	3418	2.8289	3.5231
	5	3136	3.6277	77713.7715
	6	2676	4.4181	7860.4194
	7	2343	6.1352	3930.2097
	8	1324	0.7425	11506.7698
	9	1273	2.0371	529.691
	10	1199	1.1096	1577.3435
	11	990	5.233	5884.927
	12	902	2.045	26.298
	13	857	3.508	398.149
	14	780	1.179	5223.694
	15	753	2.533	5507.553
	16	505	4.583	18849.228
	17	492	4.205	775.523
	18	357	2.92	0.067
	19	317	5.849	11790.629
	20	284	1.899	796.298
	21	271	0.315	10977.079
	22	243	0.345	5486.778
	23	206	4.806	2544.314
	24	205	1.869	5573.143
	25	202	2.458	6069.777
	26	156	0.833	213.299
	27	132	3.411	2942.463
	28	126	1.083	20.775
	29	115	0.645	0.98

	30	103	0.636	4694.003
	31	102	0.976	15720.839
	32	102	4.267	7.114
	33	99	6.21	2146.17
	34	98	0.68	155.42
	35	86	5.98	161000.69
	36	85	1.3	6275.96
	37	85	3.67	71430.7
	38	80	1.81	17260.15
	39	79	3.04	12036.46
	40	75	1.76	5088.63
	41	74	3.5	3154.69
	42	74	4.68	801.82
	43	70	0.83	9437.76
	44	62	3.98	8827.39
	45	61	1.82	7084.9
	46	57	2.78	6286.6
	47	56	4.39	14143.5
	48	56	3.47	6279.55
	49	52	0.19	12139.55
	50	52	1.33	1748.02
	51	51	0.28	5856.48
	52	49	0.49	1194.45
	53	41	5.37	8429.24
	54	41	2.4	19651.05
	55	39	6.17	10447.39
	56	37	6.04	10213.29
	57	37	2.57	1059.38
	58	36	1.71	2352.87
	59	36	1.78	6812.77
	60	33	0.59	17789.85
	61	30	0.44	83996.85
	62	30	2.74	1349.87
	63	25	3.16	4690.48

L1	0	628331966747	0	0
	1	206059	2.678235	6283.07585
	2	4303	2.6351	12566.1517
	3	425	1.59	3.523
	4	119	5.796	26.298
	5	109	2.966	1577.344
	6	93	2.59	18849.23
	7	72	1.14	529.69
	8	68	1.87	398.15
	9	67	4.41	5507.55
	10	59	2.89	5223.69
	11	56	2.17	155.42
	12	45	0.4	796.3
	13	36	0.47	775.52
	14	29	2.65	7.11
	15	21	5.34	0.98
	16	19	1.85	5486.78
	17	19	4.97	213.3
	18	17	2.99	6275.96
	19	16	0.03	2544.31
	20	16	1.43	2146.17
	21	15	1.21	10977.08
	22	12	2.83	1748.02
	23	12	3.26	5088.63
	24	12	5.27	1194.45
	25	12	2.08	4694
	26	11	0.77	553.57
	27	10	1.3	6286.6
	28	10	4.24	1349.87
	29	9	2.7	242.73
	30	9	5.64	951.72
	31	8	5.3	2352.87
	32	6	2.65	9437.76
	33	6	4.67	4690.48

L2	0	52919	0	0
	1	8720	1.0721	6283.0758
	2	309	0.867	12566.152
	3	27	0.05	3.52
	4	16	5.19	26.3
	5	16	3.68	155.42
	6	10	0.76	18849.23
	7	9	2.06	77713.77
	8	7	0.83	775.52
	9	5	4.66	1577.34
	10	4	1.03	7.11
	11	4	3.44	5573.14
	12	3	5.14	796.3
	13	3	6.05	5507.55
	14	3	1.19	242.73
	15	3	6.12	529.69
	16	3	0.31	398.15
	17	3	2.28	553.57
	18	2	4.38	5223.69
	19	2	3.75	0.98
L3	0	289	5.844	6283.076
	1	35	0	0
	2	17	5.49	12566.15
	3	3	5.2	155.42
	4	1	4.72	3.52
	5	1	5.3	18849.23
	6	1	5.97	242.73
L4	0	114	3.142	0
	1	8	4.13	6283.08
	2	1	3.84	12566.15
L5	0	1	3.14	0
B0	0	280	3.199	84334.662
	1	102	5.422	5507.553
	2	80	3.88	5223.69

		3	44	3.7	2352.87
		4	32	4	1577.34
	B1	0	9	3.9	5507.55
		1	6	1.73	5223.69
	R0	0	100013989	0	0
		1	1670700	3.0984635	6283.07585
		2	13956	3.05525	12566.1517
		3	3084	5.1985	77713.7715
		4	1628	1.1739	5753.3849
		5	1576	2.8469	7860.4194
		6	925	5.453	11506.77
		7	542	4.564	3930.21
		8	472	3.661	5884.927
		9	346	0.964	5507.553
		10	329	5.9	5223.694
		11	307	0.299	5573.143
		12	243	4.273	11790.629
		13	212	5.847	1577.344
		14	186	5.022	10977.079
		15	175	3.012	18849.228
		16	110	5.055	5486.778
		17	98	0.89	6069.78
		18	86	5.69	15720.84
		19	86	1.27	161000.69
		20	65	0.27	17260.15
		21	63	0.92	529.69
		22	57	2.01	83996.85
		23	56	5.24	71430.7
		24	49	3.25	2544.31
		25	47	2.58	775.52
		26	45	5.54	9437.76
		27	43	6.01	6275.96
		28	39	5.36	4694
		29	38	2.39	8827.39

	30	37	0.83	19651.05
	31	37	4.9	12139.55
	32	36	1.67	12036.46
	33	35	1.84	2942.46
	34	33	0.24	7084.9
	35	32	0.18	5088.63
	36	32	1.78	398.15
	37	28	1.21	6286.6
	38	28	1.9	6279.55
	39	26	4.59	10447.39
R1	0	103019	1.10749	6283.07585
	1	1721	1.0644	12566.1517
	2	702	3.142	0
	3	32	1.02	18849.23
	4	31	2.84	5507.55
	5	25	1.32	5223.69
	6	18	1.42	1577.34
	7	10	5.91	10977.08
	8	9	1.42	6275.96
	9	9	0.27	5486.78
R2	0	4359	5.7846	6283.0758
	1	124	5.579	12566.152
	2	12	3.14	0
	3	9	3.63	77713.77
	4	6	1.87	5573.14
	5	3	5.47	18849.23
R3	0	145	4.273	6283.076
	1	7	3.92	12566.15
R4	0	4	2.56	6283.08

3.3.2 Les termes périodiques de déviation en longitude et en obliquité

Coefficients for Sin terms					Coefficients for $\Delta\psi$		Coefficients for $\Delta\epsilon$	
Y0	Y1	Y2	Y3	Y4	a	b	c	d
0	0	0	0	1	-171996	-174.2	92025	8.9
-2	0	0	2	2	-13187	-1.6	5736	-3.1
0	0	0	2	2	-2274	-0.2	977	-0.5
0	0	0	0	2	2062	0.2	-895	0.5
0	1	0	0	0	1426	-3.4	54	-0.1
0	0	1	0	0	712	0.1	-7	
-2	1	0	2	2	-517	1.2	224	-0.6
0	0	0	2	1	-386	-0.4	200	
0	0	1	2	2	-301		129	-0.1
-2	-1	0	2	2	217	-0.5	-95	0.3
-2	0	1	0	0	-158			
-2	0	0	2	1	129	0.1	-70	
0	0	-1	2	2	123		-53	
2	0	0	0	0	63			
0	0	1	0	1	63	0.1	-33	
2	0	-1	2	2	-59		26	
0	0	-1	0	1	-58	-0.1	32	
0	0	1	2	1	-51		27	
-2	0	2	0	0	48			
0	0	-2	2	1	46		-24	
2	0	0	2	2	-38		16	
0	0	2	2	2	-31		13	
0	0	2	0	0	29			
-2	0	1	2	2	29		-12	
0	0	0	2	0	26			
-2	0	0	2	0	-22			
0	0	-1	2	1	21		-10	
0	2	0	0	0	17	-0.1		
2	0	-1	0	1	16		-8	
-2	2	0	2	2	-16	0.1	7	
0	1	0	0	1	-15		9	
-2	0	1	0	1	-13		7	
0	-1	0	0	1	-12		6	
0	0	2	-2	0	11			
2	0	-1	2	1	-10		5	

2	0	1	2	2	-8		3	
0	1	0	2	2	7		-3	
-2	1	1	0	0	-7			
0	-1	0	2	2	-7		3	
2	0	0	2	1	-7		3	
2	0	1	0	0	6			
-2	0	2	2	2	6		-3	
-2	0	1	2	1	6		-3	
2	0	-2	0	1	-6		3	
2	0	0	0	1	-6		3	
0	-1	1	0	0	5			
-2	-1	0	2	1	-5		3	
-2	0	0	0	1	-5		3	
0	0	2	2	1	-5		3	
-2	0	2	0	1	4			

-2	1	0	2	1	4			
0	0	1	-2	0	4			
-1	0	1	0	0	-4			
-2	1	0	0	0	-4			
1	0	0	0	0	-4			
0	0	1	2	0	3			
0	0	-2	2	2	-3			
-1	-1	1	0	0	-3			
0	1	1	0	0	-3			
0	-1	1	2	2	-3			
2	-1	-1	2	2	-3			
0	0	3	2	2	-3			
2	-1	0	2	2	-3			

I want morebooks!

Buy your books fast and straightforward online - at one of the world's fastest growing online book stores! Environmentally sound due to Print-on-Demand technologies.

Buy your books online at
www.get-morebooks.com

Achetez vos livres en ligne, vite et bien, sur l'une des librairies en ligne les plus performantes au monde!
En protégeant nos ressources et notre environnement grâce à l'impression à la demande.

La librairie en ligne pour acheter plus vite
www.morebooks.fr

OmniScriptum Marketing DEU GmbH
Heinrich-Böcking-Str. 6-8
D - 66121 Saarbrücken
Telefax: +49 681 93 81 567-9

info@omniscriptum.com
www.omniscriptum.com

Printed by Books on Demand GmbH, Norderstedt / Germany